电工电子基础课程系列教材

电工电子技术实训教程
（第2版）

熊 莹 赵 京 主编

电子工业出版社

Publishing House of Electronics Industry

北京·BEIJING

内 容 简 介

　　本书以培养实际操作技能为目的,将理论教学内容和实训内容以循序渐进的方式整合成三个基础实训模块、一个综合实训模块和一个计算机仿真实训模块。本书共 7 章,主要内容包括:实训综述、常用电子元器件、电工技术实训、模拟电子技术实训、数字电子技术实训、电子电路设计实训和电子电路仿真实训。本书提供配套的电子课件 PPT、实验文档。

　　本书可作为高等学校电子、电气、通信、自动化、机械等专业相关课程的教材,也可作为自学考试和成人教育的自学教材,还可供电子工程技术人员学习、参考。

图书在版编目(CIP)数据

电工电子技术实训教程 / 熊莹,赵京主编. —2 版. —北京:电子工业出版社,2022.1

ISBN 978-7-121-42733-6

Ⅰ. ①电… Ⅱ. ①熊… ②赵… Ⅲ. ①电工技术－高等学校－教材 ②电子技术－高等学校－教材

Ⅳ. ①TM ②TN

中国版本图书馆 CIP 数据核字(2022)第 014837 号

责任编辑:王晓庆

印　　刷:北京七彩京通数码快印有限公司

装　　订:北京七彩京通数码快印有限公司

出版发行:电子工业出版社

　　　　　北京市海淀区万寿路 173 信箱　　邮编:100036

开　　本:787×1 092　1/16　印张:12.25　字数:314 千字

版　　次:2015 年 2 月第 1 版

　　　　　2022 年 1 月第 2 版

印　　次:2024 年 7 月第 6 次印刷

定　　价:38.00 元

凡所购买电子工业出版社图书有缺损问题,请向购买书店调换。若书店售缺,请与本社发行部联系,联系及邮购电话:(010)88254888,88258888。

质量投诉请发邮件至 zlts@phei.com.cn,盗版侵权举报请发邮件至 dbqq@phei.com.cn。

本书咨询联系方式:(010)88254113,wangxq@phei.com.cn。

前　　言

本书将电工技术、模拟电子技术、数字电子技术等多门课程的实训环节进行有机整合，按照教育部提出的构建高等教育高质量发展体系的发展要求，全面落实立德树人的根本任务，提高人才培养质量，畅通人才成长通道，遵循课程自身特点，厚基础、重实践，旨在让学生通过实训进一步深入理解基本概念和掌握相关知识；熟练掌握各种常用电工电子仪器仪表的正确使用方法；熟悉安全用电的基本知识和基本技能；熟悉电子元器件的正确识别和检测方法；进一步深化复合型技术技能人才培养模式，强能力、求创新，让学生了解电子产品的设计过程，熟练掌握计算机仿真、线路板的制作、实物调试等工作程序，具备一定的分析问题和解决问题的能力。

本书在内容的编排上以培养学生的实际操作技能和学生的可持续发展为目的，将理论教学内容和实训内容以循序渐进的方式整合成三个基础实训模块、一个综合实训模块和一个计算机仿真实训模块，体现了整个课程的理论与实践的统一性、连贯性和科学性。

本书的主要特点如下。

1．基本内容全面，包括：电工技术实训、模拟电子技术实训、数字电子技术实训、电子电路设计实训、电子电路仿真实训 5 部分共 39 个实训项目，每个项目都列出了所需的仪器仪表、元器件及应具备的基本理论知识，方便学生自主学习和开展实训。

2．本书使学生在具有电工电子基础实验能力的同时，也具有小系统综合设计、调试的能力。

3．本书由浅入深，由简入难，可操作性强。由基础电路到系统设计，由实物实训到计算机仿真应用，可以用于基础性实验、课程设计及学生的课外自主实训，其目的在于拓宽学生的知识面，培养学生的实践能力和创新能力，为后续的课程学习、毕业设计和以后所从事的技术工作奠定基础。

本书由武汉华夏理工学院熊莹、赵京主编，信息工程学院的单小梅、吕雪、钟学斌、陈韡、石婷等老师提出了很多宝贵的意见，并给予了很多关心和支持，在此向他们表示衷心的感谢。

鉴于编写时间仓促，编者水平有限，书中难免有不妥之处，敬请广大读者批评指正。

编者

2021 年 12 月于武汉华夏理工学院

目　　录

第1章 实训综述

1.1 实训目的

电工电子技术是一门应用性、实践性很强的学科，实践是学习和研究电工电子技术的重要手段，既是对理论的验证，又是对理论的实施，同时还是对理论的进一步研究与探索。电工电子技术实训是应用型本科教育中重要的实践教学环节。通过实训，学生可加深对基本理论和基础知识的理解，掌握电工电子技术测试、归纳总结测试结果的技能，提高排除实践中出现故障的能力，激发和培养对小系统的设计和调试能力，从而达到应用型本科教育的培养目标。

本书以教育部提出的构建高等教育高质量发展体系的发展要求为依据，以满足电工电子技术实训教学的需要为出发点，所编内容以基本训练为主，强化综合训练。全书分电工技术实训、模拟电子技术实训、数字电子技术实训、电子电路设计实训和电子电路仿真实训 5 部分，包括电工技术实训 10 个，模拟电子技术实训、数字电子技术实训各 8 个，电子电路设计实训 8 个（6.2~6.9 节），电子电路仿真实训 5 个（7.5.5~7.5.9 节）。不同的学校和专业可根据具体情况删减部分内容，以适应自身专业需要。

通过上述 5 部分的实训教学，学生能够理论联系实际，通过实训过程了解并掌握常用电工电子仪器仪表的工作原理和正确使用方法；掌握电工电路与电子电路的基本测量方法和基本实践技能；掌握常用低压电器的基本知识和使用技能；具备交流电安全用电的能力；掌握典型的应用电路及小系统的设计、组装、调试技术；掌握正确记录数据、处理数据、绘制曲线、误差分析的方法，得出正确合理的结论；能对电子电路进行仿真、分析和设计，且具有撰写合格实训报告的文字表达能力；提高从实训现象和结果中归纳、分析的能力；培养科学素养，养成严谨的工作作风、实事求是的科学态度、独立刻苦的钻研精神，培养遵守纪律、团结协作、爱护公物、勤于思考和勇于创新的优良品质；从巩固内化到整体能力提升，获得可持续发展的能力。

1.2 实训准备与要求

为了完成实训任务、达到预期的实训目的、规范实训程序、培养学生实践操作技能，特提出如下的实训前的准备与实训要求。

1. 实训前的准备

为了避免盲目性，使实训过程能够有条不紊地进行，每个学生在实训前都要做好以下几个方面的准备：

（1）在进行实训操作之前，必须认真地预习实训教材中的相关内容，做到明确实训原理、实训目的和任务；

（2）复习有关理论知识，认真完成所要求的电路设计，选择测试方案等任务；了解并掌握本次实训的仪器设备及其技术性能；

（3）对实训中应记录的原始数据和待观察的波形先列表待用。

2. 实训要求

严格遵守实训操作规程是学好实训课程、增强实训效果、保证实训质量的重要前提，学生在实训过程中应做到以下几点。

（1）按时到达实训室，认真听取老师对实训内容及要求的讲解，不允许在实训室随意走动、乱动设备、大声喧哗。

（2）进行电工技术实训时，首先应将本次实训所用的设备和仪表、电路板安排在合适的位置，以便于接线、操作、读取数据和观察波形。接线应清楚整齐，以便于检查，导线应力求少用并尽量避免交叉，每个接线柱上不应连接三根以上导线。按实训电路图接好线路后，认真检查线路连接是否正确，发现错误应立即纠正，确认无误后方可接通电源，进行实训。

（3）进行电子技术实训时，对照电路图，对实训电路板上的元器件和接线仔细进行循迹检查，检查各引线有无接错，特别是电源与电解电容的极性是否接反，各元器件接点有无漏焊、虚焊，并注意防止碰线短路等问题。经过认真仔细检查，确认安装无差错后，方可将实训电路板与电源和测试仪器接通。

（4）按照实训的基本要求和方法进行测试，有目的地调整实训参数，正确读取数据并描绘曲线，记录实训数据并分析在实训过程中出现的现象是否合理。

1.3　实训总结

实训报告是实训结果的总结和反映，也是实训课程的继续和提高。通过撰写实训报告，一方面可以巩固理论知识，另一方面可以培养学生综合分析问题的能力。一次实训的价值在很大程度上取决于报告质量的高低，因此对实训报告的撰写必须予以重视。撰写一份高质量的实训报告必须做到以下几点。

（1）以实事求是的科学态度认真做好每次实训。在实训过程中，对测量的各种原始数据应按实际情况记录下来，不能擅自修改，更不能弄虚作假。

（2）对测量结果和所记录的现象要会分析和判断，不能对测量结果的正确与否一无所知，以致出现因数据错而重做的情况。如果发现数据有问题，则要认真检查线路并分析原因。数据经初步整理后，请指导老师审阅后方可拆线。

（3）基础实训部分的报告的主要内容包括以下几个方面：
① 实训目的；
② 实训设备；
③ 实训电路；
④ 步骤和测试方法；
⑤ 实训数据、波形和现象，以及对它们的处理结果；
⑥ 实训数据分析；

⑦ 实训结论；

⑧ 实训过程中问题的处理、讨论和建议，以及收获和体会。

在撰写实训报告时，常常要对实训数据进行科学的处理才能找出其中的规律，并得出正确的结论。常用的数据处理方法是列表和制图。实训所得的数据可分类记录在表格中，这样便于对数据进行分析和比较，实训结果也可绘成曲线直观地表示出来。

（4）综合实训报告应主要包含以下几个方面：

① 实训目的；

② 项目设计方案论证，主要包括可行性设计方案论证、从可行性方案中确定最佳方案，项目设计要求按选择的方案进行硬件设计或软件编程，且列出所需的硬件元器件清单；

③ 项目设计结果分析主要包括项目设计与制作结果的工艺水平，项目测试性能指标的正确性和完整性，软件运行情况和效果分析，故障或错误原因的分析和处理方法；

④ 实训过程中问题的处理、讨论和建议，以及收获和体会。

第2章 常用电子元器件

电子电路主要是由电子元器件组成的,这些电子元器件包括电阻器、电容器、电感器、半导体器件和集成电路等。电子元器件种类繁多,新的品种不断涌现,原有电子产品的性能也不断提高,因此,只有经常查阅近期的有关资料,才能及时了解最新元器件,不断丰富自己的知识。只有掌握了电子电路的基本理论和设计方法,熟悉元器件的选用知识,才能正确设计、组装、调试电子电路,制作出价廉物美的合格的电子产品。

2.1 电阻器

电阻器简称电阻,是电子电路中应用最广泛的元器件之一,在电路中的主要用途是限流、降压、分压、分流、负载和取样等。常用电阻器的电路符号如图 2.1 所示。

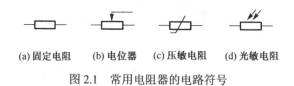

(a) 固定电阻　　(b) 电位器　　(c) 压敏电阻　　(d) 光敏电阻

图 2.1　常用电阻器的电路符号

2.1.1 电阻器的分类

从结构上可将电阻器分为固定电阻器和可变电阻器两大类。固定电阻器按材料的不同,可分为碳膜电阻、金属膜电阻和绕线电阻等。可变电阻器可分为可调电阻器和电位器两种,其中电位器应用得较多,它是一种具有三个端子的可变电阻器,其阻值可在一定范围内变化。可调电阻器有立式和卧式之分,分别用于不同的电路中。常用电阻的种类及特点如表 2.1 所示。

表 2.1　常用电阻的种类及特点

种　类	特　点
碳膜电阻	碳膜的厚度决定阻值的大小,通常情况下,改变碳膜的厚度和使用刻槽的方法可得到不同的阻值。碳膜电阻稳定性良好,负温度系数小,高频特性好,受电压和频率的影响小,价格低
金属膜电阻	除具有碳膜电阻的特征外,其精度比碳膜电阻的精度高,稳定性好,体积小,工作频率范围大,噪声小,成本较高
绕线电阻	这种电阻分固定和可变两种,工作稳定,耐热性能好,误差范围小,适用于大功率场合,额定功率一般在 1W 以上
敏感电阻	以半导体为材料,可将某些非电量转换为电量,如光敏电阻、压敏电阻、热敏电阻等
碳膜电位器	连续且范围宽,精度较差,耐温耐潮性差,使用寿命较短
绕线电位器	阻值变化范围小,功率较大

2.1.2 电阻器的型号命名法

电阻器的命名一般由四部分组成,第一部分用字母表示主称,第二部分用字母表示材料,第三部分用数字或字母表示分类,第四部分用数字表示序号等。其符号和意义如表 2.2 所示。

表 2.2　电阻器的型号命名法

第一部分		第二部分		第三部分		第四部分
用字母表示主称		用字母表示材料		用数字或字母表示分类		用数字表示序号
符号	意义	符号	意义	符号	意义	
R	电阻器	T	碳膜	1	普通	
W	电位器	P	硼碳膜	2	普通	序号
		U	硅碳膜	3	超高频	额定功率
		H	合成膜	4	高阻	阻值
		I	玻璃釉膜	5	高温	允许误差
		J	金属膜	7	精密	精度等级
		Y	氧化膜	8	高压	
		S	有机实芯	9	特殊	
		N	无机实芯	G	高功率	
		X	绕线	T	可调	
		R	热敏	X	小型	
		G	光敏	L	测量用	
		M	压敏	W	微调	
				D	多圈	

2.1.3　电阻器的主要性能参数

1. 标称阻值和允许误差

电阻的国际单位是欧姆，用 Ω 表示。除欧姆外，还有千欧（$k\Omega$）和兆欧（$M\Omega$）。它们之间的换算关系为：$1k\Omega = 1000\Omega$，$1M\Omega = 1000k\Omega$。

标称阻值通常是指电阻器上标注的电阻值。目前，电阻标称阻值有三大系列：E6、E12、E24，其中 E24 系列最全面，如表 2.3 所示。实际中，将表 2.3 中所列的标称阻值乘以 10^N（N 为整数）可表示实际的电阻值，例如，标称阻值 1.8 可表示 1.8Ω、18Ω、180Ω、$1.8k\Omega$、$180k\Omega$、$1.8M\Omega$ 等实际电阻值。往往电阻的实际值与标称阻值之间存在一定的差别，电阻的实际值和标称阻值的偏差除以标称阻值所得的百分数，称为电阻的允许误差。常用的允许误差的等级有 Ⅰ 级（±5%）、Ⅱ 级（±10%）、Ⅲ 级（±20%）。误差为±2%、±1%、±0.5%的电阻称为精密电阻。误差越小，电阻精度越高。

表 2.3　电阻标称阻值系列

系列	允许误差/%	标称阻值
E24	±5	1.0，1.1，1.2，1.3，1.5，1.6，1.8，2.0，2.2，2.4，2.7，3.0，3.3，3.6，3.9，4.3，4.7，5.1，5.6，6.2，6.8，7.5，8.2，9.1
E12	±10	1.0，1.2，1.5，1.8，2.2，2.7，3.3，3.9，4.7，5.6，6.8，8.2
E6	±20	1.0，1.5，2.2，3.3，4.7，6.8

2. 额定功率

额定功率是指在标准大气压和规定的环境温度下，电阻长期连续负荷运行而不改变其性能所允许消耗的最大功率。选用电阻时，要留有一定的余量。一般选择其额定功率是实际功率的 2～3 倍。常用的有 0.05W、0.125W、0.25W、0.5W、1W、2W、5W。

3．极限工作电压

极限工作电压是指电阻的最大安全工作电压，当电阻器的工作电压过高时，虽然电阻器的功率未超过额定功率，但因其内部电流密度过大，电阻将会过热而损坏或失效。

2.1.4　电阻器的标志方法

1．直标法

直标法是指将电阻的主要参数直接印注在电阻表面。采用直标法的电阻，其电阻值用阿拉伯数字、允许误差用百分数并直接标注在电阻的表面上。若电阻上未标注偏差，则均为±20%。例如，4.2kΩ ± 5%。

2．文字符号法

文字符号法也是将有关参数直接标在电阻表面的。区别在于，采用文字符号法标注的电阻值和允许误差是用数字和符号组合在一起表示的。具体的规定是：单位符号Ω（或 kΩ、MΩ）前面的数字表示电阻值的整数部分，单位符号后面的数字表示电阻值的小数部分，例如，2K7 表示 2.7kΩ。

3．色环法

色标法就是用颜色表示电阻的数值及精度。普通电阻大多用四个色环表示其电阻值和允许误差。第一、二环表示有效数字，第三环表示倍率（乘数），与前三环距离较大的第四环表示精度。精密电阻采用五个色环标志，第一、二、三环表示有效数字，第四环表示倍率，与前四环距离较大的第五环表示精度。色环颜色所代表的数值和意义如表 2.4 所示。

表 2.4　色环颜色所代表的数值和意义

颜　　色	黑	棕	红	橙	黄	绿	蓝	紫	灰	白	金	银	无色
代表数值	0	1	2	3	4	5	6	7	8	9			
代表倍率	10^0	10^1	10^2	10^3	10^4	10^5	10^6	10^7	10^8	10^9	10^{-1}	10^{-2}	
允许误差/%	1	1	2			0.5	0.25	0.1			5	10	20

例如，标有蓝、灰、橙、金四环的电阻，其阻值大小为 $68×10^3 = 68000Ω = 68kΩ$，允许误差为±5%；标有棕、黑、绿、棕、棕五环的电阻，其阻值大小为 $105×10^1 = 1050Ω = 1.05kΩ$，允许误差为±1%。

2.1.5　电阻器的简易测试

电阻值主要是用万用表的电阻挡进行测试的。

（1）按数字万用表的使用方法，黑表笔接"COM"口，红表笔接"VΩ"口。将挡位旋钮置于电阻挡，先选大倍率挡，然后逐渐减小。

（2）右手拿万用表的两个表笔，左手拿被测电阻，两个表笔分别接触电阻的两根引线，读出电阻值。

注意测试时，手不要碰电阻两端或接触表笔的金属部分，否则会引起测试误差。在电路中测试电阻应切断电源，要考虑电路中的其他元器件对电阻值的影响。

2.2 电容器

理想的电容器是一种储能元件，在电路中存储电荷。电容器也是电子电路中用得较多的一种电子元器件，常用于电路中的滤波、耦合、调谐、隔直、延时、交流旁路和能量转换。

2.2.1 电容器的分类

电容器按结构，可分为固定电容、可变电容和微调电容；按材料介质，可分为气体介质电容、纸介电容、云母电容、瓷介电容、电解电容等；按有无极性，可分为有极性电容和无极性电容。其电路符号如图 2.2 所示。

(a) 固定电容　　(b) 可变电容　　(c) 微调电容　　(d) 电解电容

图 2.2　电容器的电路符号

2.2.2 电容器的型号命名法

电容器的型号由三部分组成，各部分的符号及意义如表 2.5 所示。

表 2.5　电容器的型号命名法

第一部分		第二部分				第三部分				
主称		材料				分类				
符号	意义	符号	意义	符号	意义	数字	意义			
							瓷	云母	有机	电解
C	电容器	C	高频陶瓷	Q	漆膜	1	圆形	非密封	非密封	箔式
		T	低频陶瓷	H	复合介质	2	管形	非密封	非密封	箔式
		I	玻璃釉	D	电解质	3	叠片	密封	密封	烧结粉非固体
		O	玻璃膜	A	钽电解质					
		Y	云母	N	银电解质					
		V	云母纸	G	合金电解质	4	独石	密封	密封	烧结粉固体
		Z	纸介	L	涤纶等有极性有机薄膜	5	穿心	—	穿心	—
		J	金属化纸			6	支柱	—	—	—
		B	聚苯乙烯等非极性有机薄膜	LS	聚碳酸酯极性有机薄膜	7	—	—	—	无极性
		BF	聚四氟乙烯非极性有机薄膜	E	其他材料电解质	8	高压	高压	高压	高压
						9	—	—	特殊	特殊

2.2.3 电容器的主要性能参数

1. 标称容量和允许误差

电容的国际单位是法拉，用 F 表示，常用的还有微法（μF）和皮法（pF）。它们之间的换算关系为：$1pF = 10^{-6}\mu F = 10^{-12}F$。

标称容量是标志在电容器上的电容量。实际生产的电容器的容量和标称容量之间总会有误差。实际容量与标称容量的允许误差范围称为允许偏差范围。一般分为三个等级，用Ⅰ级（±5%）、Ⅱ级（±10%）、Ⅲ级（±20%）表示。通常标称容量和误差都标志在电容器的壳体上，以便识别和选用。

2．额定工作电压

额定工作电压是指电容器在线路中能长期可靠工作所能承受的最高电压。一般标志在电容器的壳体上，供选用时参考。耐压值选得太低，电容器容易被击穿；选得太高，又会增大电容器的体积，同时还要增加成本。常用的固定式电容器的直流工作电压系列为 6.3V、10V、16V、25V、35V、50V、68V、100V、160V、250V、400V。

3．绝缘电阻

绝缘电阻是额定工作电压下的直流电压与通过电容的漏电流的比值，它的大小反映了电容器绝缘性能的好坏。绝缘电阻越小，漏电流就越大，电能损耗越多，这种损耗不仅影响电容的寿命，而且会影响电路的工作。因此，绝缘电阻越大越好，一般应在 5000MΩ以上，优质电容器可达 TΩ（10^{12}Ω，称为太欧）级。

2.2.4　电容器的标志方法

1．直标法

直标法是把电容器的型号规格、容量、耐压及误差等用阿拉伯数字和单位符号直接标注在电容器的壳体上。其中，误差一般用字母表示。常见的表示误差的字母有 J(±5%)和 K(±10%)等。例如，47nJ100 表示容量为 47nF 或 0.047μF，误差±5%，耐压值为 100V。

当电容器所标容量没有单位时，在读其容量时可按如下原则：当容量在 $1\sim10^4$ 之间时，单位为 pF；当容量大于 10^4 时，单位为 μF。

2．数码法

数码法是指用数值与倍率的乘积表示电容量。一般用三位数字表示电容器的容量，其中前两位数字为数值，第三位数字为倍率，即乘以 10^n，n 的范围是 $1\sim9$。例如，222 表示 $22\times10^2 = 2200$pF。

3．色标法

色标法的表示方法与电阻器的色环法类似，其颜色所代表的数字与电阻器的色环一致，单位为 pF。例如，红红橙表示 22×10^3pF。

2.2.5　电容器的简易测试

电容器也是电子电路中用得最多的电子元器件之一，它的好坏直接影响整机的性能，同时也是容易失效的元件，因此在电容器装入电路之前应进行测试。

根据电容器容量的大小，适当选择模拟万用表的欧姆挡量程（根据经验，一般情况下，1～47μF 的电容，万用表用 R×1K 挡，大于 47μF 的电容，可用 R×100Ω挡测试），两个表笔分别接触电容的两根引线，用黑表笔接正极，红表笔接负极（电解电容器在测试前应先将正、负极短路放电）。表针应顺时针摆动，然后逆时针慢慢返回∞处，容量越大，摆动幅度越大。表针静止时的指示值就是被测电容的漏电电阻，此值越大，电容器的绝缘性能就越好，质量好的电容的漏电电阻很大，在几百兆欧以上。在测量过程中，静止时，表针距∞较远或表针退回到∞处又顺时针摆动，这都表明电容漏电严重。若表针在 0 处始终不动，则说明电容内部短路。

也可用数字万用表来测试电容的漏电电阻。测试时要注意对电容进行放电，注意红表笔接正极，黑表笔接负极。注意应当在数字万用表显示为∞稳定后再进行测量。对于 4700pF 以下的小容量电容器，由于容量小、充电时间短、充电电流小，因此用万用表的高阻值挡也看不到阻值，此时可借助电容表直接测量其容量。

2.3　电感器

电感器简称电感，电感和电容一样，也是一种储能元件，它能把电能转变成磁场能，并在磁场中存储能量。在电路中，电感有阻流、变压和传输信号等作用，它具有阻止交流电通过而让直流电通过的特性。电感经常和电容一起工作，构成 LC 滤波器、LC 振荡器等。另外，人们还利用电感的特性，制造了阻流圈、变压器、继电器等。

2.3.1　电感器的分类

电感器按电感量的变化情况，可分为固定电感器、可变电感器、微调电感器等；按电感器线圈的性质，可分为磁芯电感器、铜芯电感器等；按绕制特点，可分为单层电感器、多层电感器、蜂房电感器等。其电路符号如图 2.3 所示。

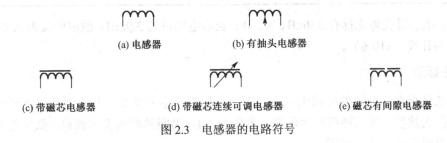

图 2.3　电感器的电路符号

2.3.2　电感器的主要性能参数

1. 电感量

电感器的国际单位是亨利，用 H 表示。常用的还有毫亨（mH）和微亨（μH），它们之间的换算关系为：$1H = 10^3 mH = 10^6 \mu H$。

电感量也称自感系数，是表示电感器产生自感能力的一个物理量，电感量的大小主要取决于线圈的圈数、形状、尺寸和线圈中有无磁芯及磁芯材料的性质。一般来说，线圈的直径越大，绕制的圈数越多，电感量越大。有磁芯比无磁芯的电感量要大得多；磁芯磁导率越大的线圈，其电感量也越大。

2. 品质因数

品质因数也称 Q 值，是反映电感器传输能量的一个性能指标，是线圈在某一频率的交流电压下工作时，线圈所呈现的感抗和线圈的直流电阻的比值。Q 值越大，说明线圈的功率损耗越小，效率越高，选择性越好。一般要求 Q 值的范围为 50～300。

3. 额定电流

额定电流是指电感器正常工作时，允许通过的最大电流。若工作电流大于额定电流，电感器会因发热而改变性能参数，严重时会烧毁。

4. 固有电容

固有电容是指线圈的匝与匝之间、线圈与磁芯之间存在的电容，固有电容的存在降低了电感器的稳定性，同时也降低了品质因数。为了减小电感器的固定电容，人们设计出了各种绕线圈的方法，如蜂房式绕法和分段式绕法等。

2.3.3　电感器的标志方法

1. 直标法

直标法是指在小型固定电感器的壳体上直接用文字标出电感器的主要参数，如电感量、误差量、额定电流等。其中额定电流常用字符 A、B、C、D、E 等标注，小型固定电感器的额定电流和字符的对应关系如表 2.6 所示。

表 2.6　小型固定电感器的额定电流和字符的对应关系

字　　符	A	B	C	D	E
额定电流/mA	50	150	300	700	1600

例如，电感器壳体上标有 3.9mH、A、Ⅱ，表示电感量为 3.9mH，额定电流为 A 挡 50mA，误差等级为Ⅱ级（±10%）。

2. 色标法

色标法是指在电感器的壳体上用不同颜色来标志其主要参数，与电阻器的色环法相似，前两种颜色为数值，第三种颜色为倍率，单位为 μH，第四种颜色表示误差。数字与颜色的对应关系和电阻器的色环法相同。

3. 数码法

通常采用三位数字表示，前两位数字表示电感值的有效数字，第三位数字表示有效数字后零的个数，小数点用 R 表示，单位为 μH。最后一位英文字母表示误差范围。

2.3.4　电感器的简易测试

电感器的电感量一般可以通过高频 Q 表或电感表进行测试。若不具备以上两种仪器，可以用万用表测试线圈的直流电阻来判断其好坏。

用万用表的电阻挡可测试电感器阻值的大小。若被测电感器的阻值为零，则说明电感器内部绕组有短路故障；若被测电感器的阻值极小，一般为零点几到几欧姆，则说明电感器基本正常；若被测电感器的阻值为无穷大，则说明电感器发生了断路故障。

2.4 半导体器件

半导体二极管、三极管是组成分立元器件电子电路的核心器件。二极管具有单向导电性，可用于整流、检波、稳压及混频电路中。三极管对信号具有放大和开关作用，可以用于组成高频/低频放大电路、振荡电路。

2.4.1 半导体器件的型号命名法

半导体器件的型号由五部分组成。第一部分：用阿拉伯数字表示器件的电极数目；第二部分：用字母表示器件的材料和极性；第三部分：用字母表示器件的用途和类型；第四部分用数字表示器件的序号；第五部分：用字母表示规格号。其型号命名法如表 2.7 所示。

表 2.7 半导体器件的型号命名法

第一部分		第二部分		第三部分		第四部分	第五部分
用阿拉伯数字表示器件的电极数目		用字母表示器件的材料和极性		用字母表示器件的用途和类型			
符号	意义	符号	意义	符号	意义		
2	二极管	A	N 型锗材料	P	普通管	用数字表示器件的序号	用字母表示规格号
		B	P 型锗材料	V	微波管		
		C	N 型硅材料	W	稳压管		
		D	P 型硅材料	C	参量管		
3	三极管	A	PNP 型锗材料	Z	整流管		
		B	NPN 型锗材料	L	整流堆		
		C	PNP 型硅材料	S	隧道管		
		D	NPN 型硅材料	N	阻尼管		
		E	化合物材料	U	光电器件		
				K	开关管		
				X	低频小功率管		
				G	高频小功率管		
				D	低频大功率管		
				A	高频大功率管		
				T	半导体闸流管（可控整流器）		
				Y	体效应器件		
				B	雪崩管		
				J	阶跃恢复管		
				CS	场效应器件		
				BT	半导体特殊器件		
				FH	复合管		
				PIN	PIN 型管		
				JG	激光器件		

例如，3AD50C 表示锗材料 PNP 型低频大功率三极管，序号为 50，管子规格为 C 挡；2AP9 表示锗材料普通二极管，序号为 9。

2.4.2 二极管

二极管是由半导体材料硅或锗晶体制作的，故称为晶体二极管或半导体二极管，是结构很简单的有源电子器件，其主要特性是单向导电性。

1．二极管的分类

按制造材料的不同，二极管可分为硅管和锗管两大类。两者性能的区别在于：锗管的正向压降比硅管小（锗管为0.2V，硅管为0.5～0.8V），锗管的反相漏电流比硅管大（锗管几百微安，硅管小于1μA），锗管的PN结可以承受的温度比硅管低（锗管约为100℃，硅管约为200℃）。按结构分，二极管可分为点接触型二极管和面接触型二极管。按用途分，可分为普通二极管和特殊二极管。普通二极管包括检波二极管、整流二极管、开关二极管和稳压二极管；特殊二极管包括变容二极管、光电二极管和发光二极管等。其电路符号如图2.4所示。

(a) 普通二极管　　　(b) 稳压二极管　　　(c) 发光二极管　　　(d) 变容二极管

图2.4　二极管的电路符号

2．二极管的主要参数

1）最大整流电流 I_F

最大整流电流是指在正常工作情况下，二极管长期连续工作时允许通过的最大正向平均电流。使用时，二极管的平均电流不能超过这个数值，否则二极管将被烧坏。

2）最高反相工作电压 U_{RM}

最高反向工作电压是指反向加在二极管两端，而不至于引起PN结击穿的最大电压。通常为了安全起见，U_{RM} 取反向击穿电压的1/3～1/2。

3）最高工作频率

最高工作频率是指能保证二极管单向导电作用的最高工作频率。

3．二极管的简易测试

判断二极管的好坏，常用的方法是测试二极管的正、反向电阻，再加以判断。正向电阻越小越好，反向电阻越大越好，即两者相差越大越好。一般正向电阻阻值为几百欧或几百千欧，反向电阻阻值为几百兆欧或无穷大，这样的二极管是好的。如果正、反向电阻都为无穷大，则表示内部断线。如果正、反向电阻都为零，则表示PN结击穿或短路，说明二极管是坏的。如果正、反向电阻一样大，说明二极管也是坏的。

通过测量二极管的正、反向电阻，能判断管子的正、负极。将模拟万用表的欧姆挡置于R×100Ω或R×1k处，两表笔分别接二极管的两端，若测出的电阻值较小（硅管为几百欧到几千欧，锗管为100～1000Ω），说明正向导通，黑表笔接的是二极管的正极，红表笔接的则是负极。

2.4.3　三极管

三极管是由两个做在一起的PN结和相应的电极引线及封装组成的，具有结构牢固、寿命长、体积小、耗电低等优点，因此应用广泛。三极管的主要特点是具有放大作用。

1．三极管的分类

按制造材料分，三极管可分为硅管和锗管；按导电类型分，可分为PNP型和NPN型，锗三极管多为PNP型，硅三极管多为NPN型；按工作频率分，可分为高频三极管和低频三极

管；按功率大小分，可分为大功率三极管、中功率三
极管及小功率三极管。其电路符号如图 2.5 所示。

(a) PNP型三极管　　　　(b) NPN型三极管

图 2.5　三极管的电路符号

2．三极管的主要参数

1）电流放大系数

电流放大系数是三极管放大能力的一个重要指标，交流电流放大系数是指在有信号输入的情况下，集电极电流的变化量与基极电流的变化量之比，即 $\beta = \Delta i_C / \Delta i_B$。

2）集电极最大允许电流 I_{CM}

I_{CM} 是当三极管参数变化不超过规定值时集电极允许通过的最大电流，当电流超过此值时，三极管特性变差，甚至可能被烧坏。

3）集电极最大允许耗散功率 P_{CM}

$P_{CM} = I_C U_{CE}$ 是指消耗在集电结上允许的最大损耗功率，超过此值就可能烧坏管子。一般手册上的值是在一定散热条件下的极限值。

4）反向击穿电压

如果施加在三极管两个 PN 结的反向电压超过某一规定值，则该三极管就会被电压击穿，这一反向电压值被称为反向击穿电压。反向击穿电压与三极管本身的特性和外部接法有关。

3．三极管的简易测试

1）判别三极管类型

对三极管而言，不论是 PNP 型还是 NPN 型，都可以视为由两个 PN 结构成的，如图 2.6 所示。根据 PN 结的单向导电性，对于 NPN 型的三极管，基-集、基-射正向导通电阻均很小，反向电阻则很大。将黑表笔接基极，红表笔分别接其他两个引脚，如果电阻均很小，则为 NPN 型三极管；如果电阻均很大，则为 PNP 型三极管。

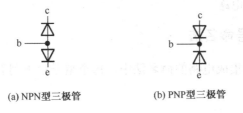

(a) NPN型三极管　　　　(b) PNP型三极管

图 2.6　三极管等效电路图

2）判别基极

将数字万用表的欧姆挡置于 R×100Ω 或 R×1k 处，对于 NPN 型三极管，先假设某一引脚为基极，黑表笔接假设的基极，红表笔分别接其他两个引脚，如果电阻均很小，约为几百欧，则假设的基极是正确的；若两次测得的电阻一大一小，则假设的基极是错误的。这样按照同样的方法重新假设基极，再次测量，直到找出正确的基极。对于 PNP 型三极管，红表笔接假设的基极，黑表笔分别接其他两个引脚，如果电阻均很小，约为几百欧，则假设的基极是正确的，否则应重新假设基极，再次测量，直到找到正确的基极。

3）判别集电极和发射极

以 NPN 型三极管为例，用数字万用表进行测量，如图 2.7 所示。红表笔接假设的集电极 c，黑表笔接假设的发射极 e，并且用手握住基极 b 和集电极 c（基极 b 和集电极 c 不能直接接

触），通过人体，相当于在基极和集电极之间接入偏置电阻。读出万用表所示的 c、e 间的电阻值，然后将红、黑表笔反接并重测。若第一次电阻比第二次电阻小（第二次阻值接近无穷大），说明原假设成立，即红表笔所接的是集电极 c，黑表笔所接的是发射极 e。

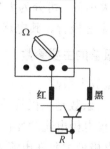

图 2.7　三极管集电极、发射极的判别方法

2.5　集成电路

　　集成电路（IC，Integrated Circuit）就是通过一系列特定的加工工艺将晶体管、二极管等有源器件和电阻、电容等无源器件，按照设计要求连接起来，制作在同一片硅片上，成为具有特殊功能的电路。集成电路在体积、质量、耗电、寿命、可靠性、机电性能指标方面都远远优于由晶体管分立元件组成的电路，因此应用十分广泛。

2.5.1　集成电路的分类

　　集成电路从不同的角度有不同的分类方法。按照使用功能，可分为模拟集成电路、数字集成电路；按照制作工艺，可分为半导体集成电路和薄膜集成电路；按照封装形式，可分为圆形集成电路、扁平形集成电路和双列直插式集成电路；按集成度（单位面积内所包含的元件数），可分为小规模集成电路、中规模集成电路、大规模集成电路和超大规模集成电路。其中，集成度小于 10 个门电路或小于 100 个元件的，称为小规模集成电路；集成度在 10～100 个门电路之间或元件数在 100～1000 个之间的，称为中规模集成电路；集成度在 100 个门电路以上或 1000 个元件以上的，称为大规模集成电路；集成度达到 1 万个门电路或 10 万个元件的，称为超大规模集成电路。

2.5.2　集成电路的型号命名法

　　按国家标准规定，在集成电路的命名法中，每个型号由下列五部分组成，各部分的符号及意义如表 2.8 所示。

表 2.8　集成电路的型号命名

第一部分		第二部分		第三部分	第四部分		第五部分	
用字母表示器件符合国家标准		用字母表示器件的类型			用字母表示器件的工作温度范围		用字母表示器件的封装	
符号	意义	符号	意义		符号	意义	符号	意义
C	中国国标产品	T	TTL	用阿拉伯数字表示器件的系列和品种代号	C	0～70℃	W	陶瓷扁平封装
		H	HTL		E	−40～85℃	B	塑料扁平封装
		E	ECL		R	−55～85℃	F	全封闭扁平封装
		C	CMOS				D	陶瓷直插封装
		F	线性放大器				P	塑料直插封装
		D	音响、电视电路		M	−55～125℃	J	黑陶瓷直插封装
		W	稳压器				K	金属菱形封装
		J	接口电路				T	金属圆形封装

　　另外，有些符号是出品公司的简称，需要与表示命名的字母相区分，例如，CA 表示美国无线电公司，LM 表示美国国家半导体公司，MC 表示美国摩托罗拉公司，AD 表示美国模拟器件公司等。

　　例如：

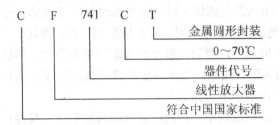

2.5.3　集成电路的引脚排列与识别

　　在使用集成电路前，必须认真识别集成电路的引脚，查阅手册确认各引脚的功能和使用方法，以免因接错而损坏器件。集成电路的引脚排列方式的一般规律如下。

　　（1）圆形封装（多为金属壳）：识别时，面向端子正视，从定位销开始，顺时针方向依次为 1、2、3、4……如图 2.8(a)所示，圆形封装的集成电路多为模拟集成电路。

　　（2）扁平形和双列直插式集成电路：识别时，将文字符号标记正放，一般集成电路上有一圆点或有一缺口，将圆点或缺口置于左方，由顶部俯视，从左下角起逆时针方向数，依次为 1、2、3、4……如图 2.8(b)、(c)所示，扁平形多用于数字集成电路，双列直插式广泛用于模拟和数字集成电路。

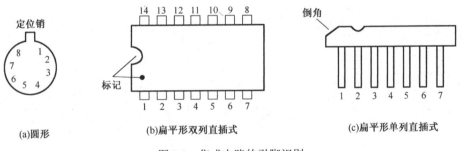

图 2.8　集成电路的引脚识别

2.5.4　集成电路的选用和使用注意事项

　　集成电路种类繁多，各种功能的集成电路应有尽有。在选用集成电路时，应根据实际情况查阅器件手册，在满足电路要求的功能、动态指标、静态指标的前提下，选择货源多、价格低的器件。无原则地追求高性能的产品，不但会使成本提高，而且，高性能的器件比通用型器件在电源滤波、组装、布线等方面的要求也比较高，反而满足不了需求。

　　在使用集成电路时，应注意以下几个问题。

　　（1）在使用集成电路时，不允许超过器件手册中规定的参数数值。

　　（2）在插装集成电路时要注意引脚序号方向，不能插错。

　　（3）尽量选择同一类型（TTL、CMOS 等）的集成电路，这样电路的电源简单。

　　（4）在拆装集成电路时，要断开电源进行，否则容易损坏元器件。

（5）焊接集成电路时，不得使用功率大于 45W 的电烙铁，每次焊接时间不得超过 10s，以免损坏电路或影响电路性能。

（6）CMOS 电路使用的特殊问题。

① 输入信号电压 U_i 应在(U_{DD}+0.5V)与(U_{SS}−0.5V)之间，否则容易损坏保护电路，在输入信号源和 CMOS 电路采用两组电源供电时，加电压的顺序应该是：先加 CMOS 电路的工作电压，再加信号源的工作电压。切断电源时，应先切断信号源，再切断 CMOS 电路的工作电源。

② 多余的输入端不能悬空，否则，悬空输入端的电位不定，将破坏电路的逻辑关系，并且由于 CMOS 电路的输入阻抗较高，因此易受外界干扰，造成元器件损坏。

③ CMOS 电路的输出端不能短路。

④ CMOS 电路的工作电流较小，其输出端一般只能驱动一只晶体管。若需较大的负载电流，一种方法是加驱动电路或采用复合管，另一种方法是在输出端并联几个反相器或驱动器，来降低对 CMOS 输出电流的要求。

第3章 电工技术实训

电工技术实训是电类及相关专业学生必修的基本技能。通过本章的学习，学生可以在掌握电工技术基本理论、基本原理的基础上，重点加强实践动手能力的培养，通过实训理解并加强对理论的认识；提高实际操作能力、对仪器仪表的使用能力、对数据与结果的分析处理能力，并具有一定的设计、安装、调试、分析和解决实际问题的综合技能。本章实训的主要内容有电路的基本概念和基本定律，交/直流电路的分析，三相交流电路的连接与测量，电动机的运行控制等。

● **实训目标**

（1）能够熟练使用常用电工仪器仪表，如交/直流电压表、电流表、功率表、万用表等；

（2）能够完成电工电路的正确连接与测量；

（3）能够运用理论知识对实训现象进行初步的分析判断；

（4）能够正确记录和处理实训数据、绘制曲线、说明实训结果、撰写合格的实训报告。

● **实训要求**

实训项目	相关知识及能力要求	实训学时
基本电工仪器的使用与电路元件伏安特性的测定	（1）掌握各类电源及测量仪表的原理及使用方法 （2）了解常用电路元件的伏安特性 （3）掌握元件伏安特性的测量方法	2学时
基尔霍夫定律的验证与电位、电压的测定	（1）掌握基尔霍夫定律 （2）掌握各支路电压、电流的测量方法 （3）理解电位、电压的概念，并掌握电路中电位图的绘制方法	2学时
电压源与电流源的等效变换	（1）掌握电压源与电流源的工作特性 （2）理解电压源和电流源的等效变换条件 （3）掌握电压源和电流源外特性的测量方法	2学时
叠加原理和戴维南定理的验证	（1）理解叠加原理和戴维南定理 （2）掌握测量有源二端网络的等效参数的一般方法	2学时
一阶 RC 电路的响应测试	（1）掌握一阶电路暂态分析的换路定则及三要素法 （2）掌握测定一阶 RC 电路的零输入响应、零状态响应及全响应的方法 （3）了解电路时间常数的测量方法 （4）掌握有关微分电路和积分电路的概念 （5）掌握示波器观测波形的方法	2学时
交流电路等效参数的测定	（1）理解电阻、电感、电容元件的电压与电流的关系 （2）理解电阻、感抗、容抗与频率的关系 （3）掌握用交流电压表、交流电流表和功率表测量元件的交流等效参数的方法，以及功率表的接法和使用方法	2学时
功率因数的提高	（1）理解正弦稳态交流电路中电压、电流相量之间的关系 （2）理解改善电路功率因数的意义，并掌握其方法 （3）掌握日光灯线路的接线方法	2学时
RLC 串联谐振电路的研究	（1）理解电路发生谐振的条件及特点 （2）掌握电路品质因数（电路 Q 值）的物理意义及其测定方法 （3）了解绘制 RLC 串联电路的幅频特性曲线的方法	2学时

（续表）

实 训 项 目	相关知识及能力要求	实 训 学 时
三相电路的测量	（1）掌握三相负载星形连接、三角形连接的相电压、线电压、相电流、线电流之间的关系 （2）掌握三相负载星形连接、三角形连接的连接方法 （3）理解三相四线供电系统中的中线的作用	2 学时
三相鼠笼式异步电动机的启动与正反转控制	（1）理解三相鼠笼式异步电动机的工作原理 （2）理解常用控制电器的工作原理及使用范围 （3）掌握三相鼠笼式异步电动机启动与正反转控制的电气原理图和实际安装接线方法 （4）了解三相鼠笼式异步电动机的继电-接触控制系统中各种保护、自锁和互锁等控制环节	2 学时

3.1　基本电工仪器的使用与电路元器件伏安特性的测定

3.1.1　实训目的

1. 熟悉实验台上各类电源及测量仪表的布局和使用方法；
2. 掌握线性、非线性元件伏安特性的测试方法；
3. 熟悉电工仪表测量误差的计算方法。

3.1.2　实训原理

1. 电工实验台

本次实训的电工实验台集成了实训所需的三相/单相交流可调电源、直流稳压电源、直流电流源、功率函数信号发生器、交/直流数字显示测量仪表及各种方便连线的插孔，如图 3.1 所示。

电工实验台的总电源开关设置在台体的左上方，经隔离变压器后，由台体左方的三相调压器调节所需电压。电工实验台的标识说明如表 3.1 所示。

1）电工实验台的开机和关机

开机分三步：空气开关开→钥匙开关开→按下启动按钮。

关机分五步：关闭所用仪表的电源开关→按下停止按钮→钥匙开关关→交流电压调零→空气开关关。

2）认识测量仪表

电工实验台上配有交流电压表、交流电流表、交流功率表、直流电压表及直流电流表，熟悉并能正确使用这些仪表是进行电工电子技术实训的必备条件。如果仪器及仪表使用不当，实验台将对错误操作发出警报，此时按下复位键消除，并仔细检查线路，确认无误后再接通电源。

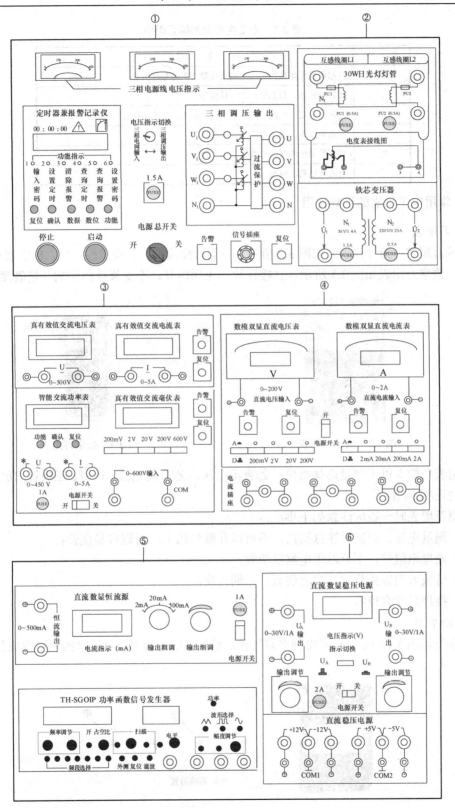

图 3.1 电工实验台

表 3.1   电工实验台的标识说明

序　号	名　称
①	三相电源线电压指示、三相调压器、电源总开关等
②	铁芯变压器、日光灯、电流插座等
③	交流电压表、交流电流表、交流功率表、交流毫伏表
④	直流电压表、直流电流表、电流插座
⑤	直流数显恒流源、函数信号发生器
⑥	直流数显稳压电源

2．常用电工仪表的正确使用

1）万用表

机械万用表（指针仪表）如图 3.2 所示，不能直接读数，需要量程转换，极性接反时指针会打弯。数字万用表如图 3.3 所示，直接读数，无须换算，不受极性的影响，精确度高。

图 3.2   机械万用表

图 3.3   数字万用表

万用表一般有以下测量选择挡位：交/直流电压、交/直流电流、电阻、三极管的放大倍数、二极管的正/反向等。

使用万用表时一般应注意如下事项：

（1）测量电压、电流时注意换挡，不可以在欧姆挡上，否则容易烧毁；

（2）测量电阻时，不可以带电测量负载；

（3）机械万用表读数时，注意倍数关系的转换；

（4）换挡后注意校零。

2）功率表

功率表如图 3.4 所示，首先将同名端短接，然后按照电压并、电流串的原则完成其他插孔的接线。

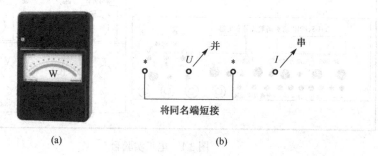

(a)   (b)

图 3.4   功率表

3. 电路元件的伏安特性

电路元件的特性一般可用该元件上的端电压 U 与通过该元件的电流 I 之间的函数关系 $I = f(U)$ 来表示，即用 I–U 平面上的一条曲线来表征，这条曲线称为该元件的伏安特性曲线。电阻元件是电路中常见的元件，有线性电阻和非线性电阻之分。实际电路很少是仅由电源和线性电阻构成的"电平移动"电路，而非线性器件常常有着广泛的使用，例如，非线性元件二极管具有单向导电性，可以把交流信号转换成直流信号，在电路中起着整流作用。

万用表的欧姆挡只能在某一特定的 U 和 I 下测出对应的电阻值，因而不能测出非线性电阻的伏安特性。一般在含源电路"在线"的状态下测量元件的端电压和对应的电流值，进而由公式 $R = U/I$ 求出电阻值。

线性电阻的伏安特性符合欧姆定律 $U = RI$，其阻值不随电压或电流的变化而变化，其伏安特性曲线是一条通过坐标原点的直线，如图 3.5(a)所示，该直线的斜率等于该电阻的电阻值。

半导体二极管是一种非线性电阻元件，其伏安特性如图 3.5(b)所示。二极管的电阻值随电压或电流的大小和方向的改变而改变。它的正向压降很小（一般锗管为 0.2～0.3V，硅管为 0.5～0.7V），正向电流随正向压降的升高而急剧上升，而当反向电压从零一直增大到十几至几十伏时，其反向电流增大得很少，可视为零，可见二极管具有单向导电性，但若反向电压增大得过高，超过管子的极限值，则会导致管子击穿损坏。

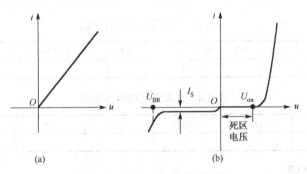

图 3.5　电路元件的伏安特性

3.1.3　实训设备

序　号	名　　称	型号与规格	数　量
1	电工实验台	THGE—1	1
2	可调直流稳压电源	0～30V	两路
3	直流数字毫安表	0～200mA	1
4	直流数字电压表	0～200V	1
5	半导体二极管	1N4007	1
6	电阻器	按需选择	按需选择

3.1.4　实训内容

1. 测定线性电阻器的伏安特性

按图 3.6 所示接线，调节稳压电源 U_S 的数值，测出对应的电压表和电流表的读数，并填入表 3.2 中。

表3.2　线性电阻器的伏安特性

U_R/V	1	2	3	4	5	6	7
I/mA							

2. 测定二极管的伏安特性

按图3.7所示接线，200Ω为限流电阻，先测二极管的正向特性，正向压降可在0～0.75V范围内取值。特别是在曲线的弯曲部分（0.5～0.75V）适当地多取几个测量点，其正向电流不得超过45mA，将所测数据填入表3.3中。

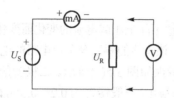

图3.6　线性电阻器的伏安特性测定

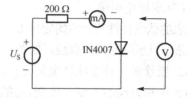

图3.7　二极管的伏安特性测定

进行反向特性测试时，需将二极管反接，其反向电压可在0～30V范围内取值，将所测数据填入表3.4中。

表3.3　二极管正向特性测试

U_{VD+}/V	0	0.1	0.15	0.2	0.25	0.3	0.4	0.5	0.55	0.6	0.65	0.70	0.75
I/mA													

表3.4　二极管反向特性测试

U_{VD-}/V	0	−5	−10	−15	−20	−25	−30
I/mA							

3.1.5　实训注意事项

1. 在开启电工实验台的直流稳压电源前，应将两路电压源的输出调节旋钮调至最小（逆时针旋到底），并将恒流源的输出粗调旋钮拨到2mA挡，输出细调旋钮应调至最小。接通电源后，再根据需要缓慢调节。

2. 当恒流源输出端接有负载时，如果需要将其粗调旋钮由低挡位向高挡位切换，则必须先将其细调旋钮调至最小；否则输出电流会突增，可能会损坏外接器件。

3. 电压表应与被测电路并接，电流表应与被测电路串接，并且还要注意正、负极性与量程的合理选择，切勿超过电表量程。

4. 稳压电源的输出应由小至大地逐渐增大，输出端切勿碰线短路。

3.1.6　实训报告

1. 根据实训结果和表中数据，分别在坐标纸上绘制出各自的伏安特性曲线（其中二极管的正、反向特性均要求画在同一张图中，正、反向电压可取为不同的比例尺）。

2. 对本次测试结果进行适当的解释，总结、归纳被测各元件的特性。

3．必要的误差分析及实训总结。

3.2 电位、电压的测定及基尔霍夫定律的验证

3.2.1 实训目的

1．通过实训证明电路中电位的相对性、电压的绝对性；
2．掌握电路电位图的绘制方法；
3．验证基尔霍夫定律的正确性，加深对基尔霍夫定律的理解；
4．学会用电流插头、插座测量各支路电流的方法。

3.2.2 实训原理

在一个确定的闭合电路中，各点电位的高低视所选的电位参考点的变化而变化，但任意两点间的电位差（电压）则是绝对的，它不因参考点电位的变动而改变。根据此性质，可用一只电压表来测量电路中各点相对于参考点的电位及任意两点间的电压。

电位图是一种平面坐标的一、四象限内的折线图。其纵坐标为电位值，横坐标为各被测点。要制作某一电路的电位图，先以一定的顺序对电路中各被测点进行编号。以图 3.8 所示的电路为例，如图中的 $A \sim F$，并在坐标横轴上按顺序、均匀间隔地标上 A、B、C、D、E、F。再根据测得的各点电位值，在各点所在的垂直线上描点。用直线依次连接相邻两个电位点，即得该电路的电位图。

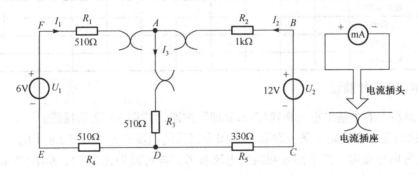

图 3.8 基尔霍夫定律电路图

在电位图中，任意两个被测点的纵坐标值之差即为该两点之间的电压值。

在电路中的电位参考点可任意选定。对于不同的参考点，所绘出的电位图形是不同的，但其各点电位变化的规律是一样的。

基尔霍夫定律是电路的基本定律。测量某电路的各支路电流及每个元件两端的电压，应分别满足基尔霍夫电流定律（KCL）和基尔霍夫电压定律（KVL），即对电路中的任意一个节点而言，应有 $\Sigma I=0$；对任何一个闭合回路而言，应有 $\Sigma U=0$。

运用上述定律时，必须注意各支路或闭合回路中电流的参考方向，此方向可预先任意设定。

3.2.3　实训设备

序　号	名　　称	型号与规格	数　量
1	直流稳压电源	0～30V	两路
2	万用表	UT39A	1
3	直流数字电压表	0～300V	1
4	基尔霍夫定律实验电路板	—	1

3.2.4　实训内容

1. 电位、电压的测定

利用实验箱上的"基尔霍夫定律/叠加原理"线路，按图3.8所示接线。

（1）分别将两路直流稳压电源接入电路，令 $U_1 = 6V$，$U_2 = 12V$（先调准输出电压值，再接入实训线路中）；

（2）以图3.8中的 A 点作为电位的参考点，分别测量 B、C、D、E、F 各点的电位值 φ 及相邻两点之间的电压值 U_{AB}、U_{BC}、U_{CD}、U_{DE}、U_{EF} 及 U_{FA}，将数据填入表3.5中；

（3）以 D 点作为参考点，重复内容（2）的测量，将测得数据填入表3.5中。

表 3.5　电位、电压的测定

电位参考点	φ 与 U/V	φ_A	φ_B	φ_C	φ_D	φ_E	φ_F	U_{AB}	U_{BC}	U_{CD}	U_{DE}	U_{EF}	U_{FA}
	计算值												
A	测量值												
	相对误差												
	计算值												
D	测量值												
	相对误差												

2. 基尔霍夫定律验证

利用实验箱上的"基尔霍夫定律/叠加原理"线路，按图3.8所示接线。

（1）测试前先任意设定三条支路和三个闭合回路的电流正方向。图3.8中的三条支路电流 I_1、I_2、I_3 的方向已设定。三个闭合回路的电流参考方向可设为 $ADEFA$、$BADCB$ 和 $FBCEF$。

（2）分别将两路直流稳压源接入电路，令 $U_1 = 6V$，$U_2 = 12V$。

（3）熟悉电流插头的结构，将电流插头的两端接至数字毫安表的"+、−"两端。

（4）将电流插头分别插入三条支路的三个电流插座中，读出电流值，并将数据填入表3.6中。

（5）用直流数字电压表分别测量两路电源及电阻元件上的电压值，将数据填入表3.6中。

表 3.6　基尔霍夫定律验证

被测量	I_1/mA	I_2/mA	I_3/mA	U_1/V	U_2/V	U_{FA}/V	U_{AB}/V	U_{AD}/V	U_{CD}/V	U_{DE}/V
计算值										
测量值										
相对误差										

3.2.5　实训注意事项

1. 本次实训线路板被多个实验通用，注意正确使用电流插座。

2. 测量电位时，在用机械万用表的直流电压挡或用数字直流电压表测量时，用负表笔（黑色）接参考电位点，用正表笔（红色）接被测各点。若机械万用表的指针正向偏转或数显表显示正值，则表明该点电位为正（即高于参考点电位）；若指针反向偏转或数显表显示负值，则此时应调换万用表的表笔，然后读出数值，此时在电位值前应加一负号（表明该点电位低于参考点电位）。数显表也可不调换表笔，直接读出负值。但应注意：所读得的电压值或电流值的正确正、负号应根据设定的电流方向来判断。

3. 所有需要测量的电压值，均以电压表测量的读数为准。U_1、U_2 也需测量，不应取电源本身的显示值。

4. 防止直流稳压电源两个输出端碰线短路。

3.2.6　实训报告

1. 根据实训数据，绘制两个电位图形，并对照观察各对应两点间的电压情况。两个电位图的参考点不同，但各点的相对顺序应一致，以便对照。

2. 总结电位相对性和电压绝对性的原理。

3. 根据实训数据，选定节点 A，验证 KCL 的正确性。

4. 根据实训数据，选定实训电路中的任一个闭合回路，验证 KVL 的正确性。

5. 将支路和闭合回路的电流方向重新设定，重复 3、4 两项验证。

6. 完成数据表格中的计算，对误差进行必要的分析。

3.3　电压源与电流源的等效变换

3.3.1　实训目的

1. 掌握电压源和电流源外特性的测试方法；
2. 验证电压源与电流源等效变换的条件。

3.3.2　实训原理

1. 一个直流稳压电源在一定的电流范围内具有很小的内阻，故在实际应用中，常将它视为一个理想的电压源，即其输出电压不随负载的变化而变化。其外特性曲线，即其伏安特性曲线 $U = f(I)$ 是一条平行于 I 轴的直线。

在实际应用中，一个恒流源在一定的电压范围内，其输出电流不随负载两端的电压（负载的电阻值）的变化而变化，可视为一个理想的电流源。

2. 一个实际的电压源（或电流源），其端电压（或输出电流）不可能不随负载而变，因它具有一定的内阻值。故在实训中，用一个小阻值的电阻（或大电阻）与稳压源（或恒流源）相串联（或并联）来模拟一个实际的电压源（或电流源）。

3. 一个实际的电源，就其外部特性而言，既可以视为一个电压源，又可以视为一个电流源。若视为电压源，则可用一个理想的电压源 U_S 与一个电阻 R_0 相串联的电路来表示；若视为电流源，则可用一个理想电流源 I_S 与一个电阻 R_0 相并联的电路来表示。如果有两个电源，它们能向同样大小的负载供出同样大小的电流和端电压，则称这两个电源是等效的，即具有相同的外特性。电压源与电流源的等效变换如图 3.9 所示。

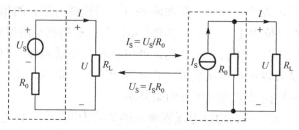

图 3.9　电压源与电流源的等效变换

电压源变换为电流源需满足：$I_S = U_S/R_0$；电流源变换为电压源需满足：$U_S = I_S R_0$。

3.3.3　实训设备

序　　号	名　　称	型号与规格	数　　量
1	直流稳压电源	0～30V	1
2	可调直流恒流源	0～500mA	1
3	直流数字电压表	0～300V	1
4	直流数字毫安表	0～500mA	1
5	万用表	UT39A	1
6	电阻器	120Ω，200Ω，300Ω，1kΩ	若干
7	可调电阻箱	0～1kΩ	1

3.3.4　实训内容

1. 测定直流稳压电源（理想电压源）与实际电压源的外特性

（1）利用实验箱上的元件和电工实验台上的电流插座，按图 3.10 所示接线。U_S 为+12V 直流稳压电源，调节 R_2，令其阻值由大至小变化，记录两表的读数并填入表 3.7 中。

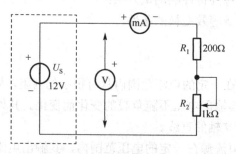

图 3.10　直流稳压电源的外特性测量电路

表 3.7　直流稳压电源的外特性

U/V						
I/mA						

（2）按图 3.11 所示接线，虚线框内可模拟为一个实际的电压源。调节 R_2，令其阻值由大至小变化，记录两表的读数并填入表 3.8 中。

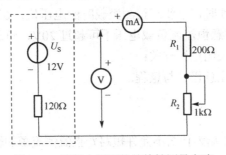

图 3.11　实际电压源的外特性测量电路

表 3.8　实际电压源的外特性

U/V							
I/mA							

2．测定电流源的外特性

按图 3.12 所示接线，I_S 为直流恒流源，调节其输出为 10mA，令 R_0 分别为 1kΩ和∞（即接入和断开），调节电位器 R_L（从 0 至 1kΩ），测出这两种情况下的电压表和电流表的读数。自拟数据表格，记录实训数据。

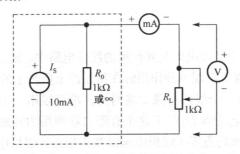

图 3.12　电流源的外特性测量电路

3．测定电源等效变换的条件

先按图 3.13(a)所示接线，记录线路中两表的读数。然后按图 3.13(b)所示接线，调节恒流源的输出电流 I_S，使两表的读数与图 3.13(a)中的数值相等，记录 I_S 的值，验证等效变换条件的正确性。

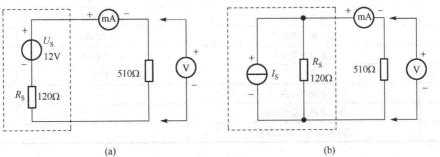

(a)　　　　　　　　　　　　　　(b)

图 3.13　电源等效变换条件测定电路

3.3.5　实训注意事项

1．在测电压源的外特性时，不要忘记测空载时的电压值，在测电流源的外特性时，不要忘记测短路时的电流值，注意恒流源负载电压不可超过 20V，负载更不可开路；

2．换接线路时，必须关闭电源开关；

3．直流仪表的接入应注意极性与量程。

3.3.6　实训报告

1．直流稳压电源的输出端为什么不允许短路？直流恒流源的输出端为什么不允许开路？

2．根据实训数据绘出电源的 4 条外特性曲线，并总结各类电源的特性。

3．根据实训结果验证电源等效变换的条件。

3.4　叠加原理和戴维南定理的验证

3.4.1　实训目的

1．验证线性电路的叠加原理和戴维南定理的正确性，加深对该定理的理解；

2．掌握测量有源二端网络的等效参数的一般方法。

3.4.2　实训原理

1．叠加原理：在有多个独立电源共同作用的线性电路中，通过每个元件的电流或其两端的电压，可以视为由每个独立电源单独作用时在该元件上所产生的电流或电压的代数和。

2．戴维南定理：任何一个线性有源二端网络，总可以用一个电压源与一个电阻的串联来等效代替，此电压源的电动势 U_S 等于这个有源二端网络的开路电压 U_{oc}，其等效内阻 R_0 等于该网络中所有独立电源均置零（理想电压源视为短路，理想电流源视为开路）时的等效电阻。

3.4.3　实训设备

序　号	名　　称	型号与规格	数　　量
1	电工实验台	THE—1	1
2	可调直流稳压电源	0～30V	1
3	可调直流恒流源	0～500mA	1
4	直流数字电压表	0～200V	1
5	直流数字毫安表	0～200mA	1
6	万用表	UT39A	1
7	可调电阻箱	—	1
8	叠加原理实验电路板	—	1
9	戴维南定理实验电路板	—	1

3.4.4　实训内容

1. 叠加原理实验

叠加原理实验电路如图 3.14 所示。

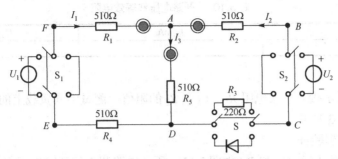

图 3.14　叠加原理实验电路

（1）将两路可调直流稳压电源的输出分别调节为 12V 和 6V，接入 U_1 和 U_2 处。

（2）令 U_1 电源单独作用（将开关 S_1 投向 U_1 侧，开关 S_2 投向短路侧）。用直流数字电压表和直流数字毫安表（接电流插头）测量各支路电流及各电阻元件两端的电压，将数据填入表 3.9 中。

表 3.9　叠加原理实验

测试内容	测量项目									
	U_1/V	U_2/V	I_1/mA	I_2/mA	I_3/mA	U_{AB}/V	U_{CD}/V	U_{AD}/V	U_{DE}/V	U_{FA}/V
U_1 单独作用										
U_2 单独作用										
U_1、U_2 共同作用										

（3）令 U_2 电源单独作用（将开关 S_1 投向短路侧，开关 S_2 投向 U_2 侧），重复步骤（2）的测量，将数据填入表 3.9 中。

（4）令 U_1 和 U_2 共同作用（开关 S_1 和 S_2 分别投向 U_1 侧和 U_2 侧），重复上述的测量，将数据填入表 3.9 中。

2. 戴维南定理实验

戴维南定理实验电路如图 3.15 所示。

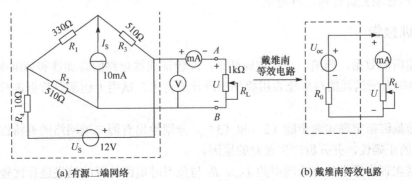

(a) 有源二端网络　　　　　　　　　　　　　　(b) 戴维南等效电路

图 3.15　戴维南定理实验电路

（1）测定有源二端网络的开路电压 U_{oc} 和等效电阻 R_0

在图 3.15(a)所示电路中接入恒压源 $U_S = 12V$、恒流源 $I_S = 10mA$，不接负载电阻 R_L。测出开路电压 U_{oc} 和短路电流 I_{sc}，并计算出等效电阻 R_0（测 U_{oc} 时，不接入直流数字毫安表），并将结果填入表 3.10 中。

表 3.10　　开路电压和等效电阻

U_{oc}/V	I_{sc}/mA	$R_0 = U_{oc} / I_{sc}$

（2）负载实验

按图 3.15(a)所示接入负载电阻 R_L。改变 R_L 的阻值，测量不同负载上的电压 U 和电流 I，将所测数据填入表 3.11 中。

（3）戴维南定理验证

按图 3.15(b)所示接入 U_{oc} 和 R_0（由图 3.15(a)所示电路测得的开路电压 U_{oc} 和等效电阻 R_0），改变负载 R_L 的阻值（电阻值应与步骤（2）中的负载实验中的相同），测量不同负载上的电压 U 和电流 I，画出有源二端网络的外特性曲线，将所测数据填入表 3.12 中。比较表 3.11 及表 3.12 中的数据，对戴维南定理进行验证。

表 3.11　　有源二端网络的伏安值

$R_L/k\Omega$	0.2	0.51	1	2	10	
U/V						
I/mA						

表 3.12　有源二端网络等效电路的伏安值

$R_L/k\Omega$	0.2	0.51	1	2	10	
U/V						
I/mA						

3.4.5　实训注意事项

1．叠加原理实训中，在用电流插头测量各支路电流时，或者在用电压表测量电压降时，应注意仪表的极性，正确判断所测值的正、负号；

2．戴维南定理实训中，测量短路电流时应注意电流表量程的更换；电压源置零时不可将稳压源短接；用万用表直接测 R_0 时，二端网络内的独立电源必须先置零，以免损坏万用表。其次，欧姆挡必须先进行调零再测量。

3.4.6　实训报告

1．根据所测数据，归纳、总结实训结论，即验证线性电路的叠加性和戴维南等效电路。

2．各电阻器所消耗的功率能否用叠加原理计算得出？试用上述测量数据进行计算并给出结论。

3．根据戴维南定理实训步骤（2）和（3），分别绘出有源二端网络的外特性曲线，验证戴维南定理的正确性，并分析产生误差的原因。

4．根据实训步骤中的方法测得的 U_{oc}、R_0 与预习时电路计算的结果进行比较，能得出什么结论？试提出一到两种新的测量方法。

3.5　一阶 RC 电路的响应测试

3.5.1　实训目的

1．测定一阶 RC 电路的零输入响应、零状态响应及全响应；
2．学习电路的时间常数的测量方法；
3．掌握有关微分电路和积分电路的概念；
4．进一步学会用示波器观测波形。

3.5.2　实训原理

1．动态网络的过渡过程是十分短暂的单次变化过程。要用普通示波器观察过渡过程并测量有关的参数，就必须使这种单次变化的过程重复出现。为此，我们利用信号发生器输出的方波来模拟阶跃激励信号，即利用方波输出的上升沿作为零状态响应的正阶跃激励信号；利用方波的下降沿作为零输入响应的负阶跃激励信号。只要选择的方波的重复周期远大于电路的时间常数 τ，那么电路在这样的方波序列脉冲信号的激励下，它的响应就和直流电接通与断开的过渡过程是基本相同的。

2．图 3.16(b)所示的 RC 一阶电路，它的零输入响应与零状态响应分别按指数规律衰减和增长，其变化的快慢取决于电路的时间常数 τ。

3．时间常数 τ 的测定方法。用示波器测量零输入响应的波形，如图 3.16(a)所示。

根据一阶微分方程的求解得知，$u_c = U_m \mathrm{e}^{-t/RC} = U_m \mathrm{e}^{-t/\tau}$。当 $t = \tau$ 时，$u_c(\tau) = 0.368 U_m$，此时所对应的时间就等于 τ。亦可用零状态响应波形增大到 $0.632 U_m$ 时所对应的时间测得，如图 3.16(c)所示。

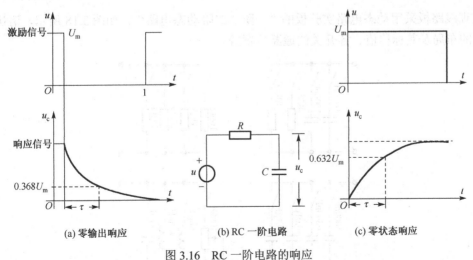

(a) 零输出响应　　　　(b) RC 一阶电路　　　　(c) 零状态响应

图 3.16　RC 一阶电路的响应

4．微分电路和积分电路是 RC 一阶电路中较典型的电路，它对电路元件参数和输入信号的周期有特定的要求。一个简单的 RC 串联电路在方波序列脉冲的重复激励下，当满足 $\tau = RC \ll \dfrac{T}{2}$（$T$ 为方波脉冲的重复周期）时，且由 R 两端的电压作为响应输出，这就是一个微分电路，因为此时电路的输出信号电压与输入信号电压的微分成正比，如图 3.17(a)所示。利用微分电路可以将方波转变成尖脉冲。

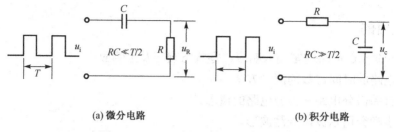

(a) 微分电路   (b) 积分电路

图 3.17 RC 一阶微分电路和积分电路

若将图 3.17(a)中的 R 与 C 的位置调换一下，如图 3.17(b)所示，由 C 两端的电压作为响应输出。当电路的参数满足 $\tau = RC \gg \dfrac{T}{2}$ 时，即称为积分电路，因为此时电路的输出信号电压与输入信号电压的积分成正比。利用积分电路可以将方波转变成三角波。

从输入波形、输出波形来看，上述两个电路均起着波形变换的作用，请在实训过程中仔细观察并记录。

3.5.3 实训设备

序　号	名　　称	型号与规格	数　量
1	脉冲信号发生器	—	1
2	双踪示波器	DS1102E	1
3	动态电路实验板	—	1

3.5.4 实训内容

实训线路板采用动态电路实验板的"一阶、二阶动态电路"，如图 3.18 所示，请认清 R、C 元件的布局及其标称值、各开关的通断位置等。

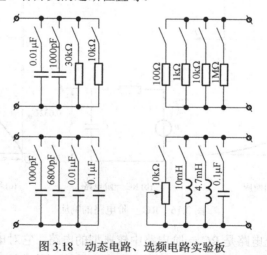

图 3.18 动态电路、选频电路实验板

1. 从电路板上选 $R = 10\text{k}\Omega$、$C = 6800\text{pF}$ 组成图 3.16(b)所示的 RC 充放电电路。u 为脉冲信号发生器输出的 $U_\text{m} = 3\text{V}$、$f = 1\text{kHz}$ 的方波电压信号，并通过两根同轴电缆线将激励源 u 和

响应 u_c 的信号分别连至示波器的两个输入口 Y_1 和 Y_2。这时可在示波器的屏幕上观察到激励与响应的变化规律，请测算出时间常数 τ，并用方格纸按 1:1 的比例描绘波形。少量地改变电容值或电阻值，定性地观察对响应的影响，记录观察到的现象。

2．令 $R = 10\text{k}\Omega$，$C = 0.1\mu\text{F}$，观察并描绘响应的波形，继续增大 C 的值，定性地观察对响应的影响。

3．令 $C = 0.01\mu\text{F}$，$R = 100\Omega$，组成图 3.17(a)所示的微分电路。在同样的方波激励信号（$U_m = 3\text{V}$，$f = 1\text{kHz}$）的作用下，观测并描绘激励与响应的波形。增减 R 的值，定性地观察对响应的影响，并进行记录。当 R 增大至 $1\text{M}\Omega$ 时，输入波形、输出波形有何本质上的区别？

3.5.5　实训注意事项

1．调节电子仪器各旋钮时，动作不要过快、过猛。测试前，需熟读双踪示波器的使用说明书。观察双踪信号时，要特别注意相应开关、旋钮的操作与调节；

2．信号源的接地端与示波器的接地端要连在一起（称为共地），以防受外界干扰而影响测量的准确性。

3.5.6　实训报告

1．根据测量结果，在方格纸上绘出 RC 一阶电路充放电时 u_c 的变化曲线，由曲线测得 τ 值，并与参数值的计算结果进行比较，分析误差原因。

2．根据测量结果观察、归纳、总结积分电路和微分电路的形成条件，阐明波形变换的特征。

3.6　交流电路等效参数的测定

3.6.1　实训目的

1．学会用交流电压表、交流电流表和功率表测量元件的交流等效参数的方法；

2．学会功率表的接法和使用。

3.6.2　实训原理

1．正弦交流信号激励下的元件阻抗值，可以用交流电压表、交流电流表及功率表分别测量出元件两端的电压 U、流过该元件的电流 I 和它所消耗的功率 P，然后通过计算得到所求的各值，这种方法称为三表法，是测量 50Hz 交流电路参数的基本方法。

计算的基本公式为：

阻抗的模 $|Z| = \dfrac{U}{I}$，电路的功率因数 $\cos\varphi = \dfrac{P}{UI}$，等效电阻 $R = \dfrac{P}{I^2} = |Z|\cos\varphi$，等效电抗 $X = |Z|\sin\varphi$ 或 $X = X_L = 2\pi fL$，$X = X_c = \dfrac{1}{2\pi fC}$。

2．阻抗性质的判别方法：用在被测元件两端并联电容或串联电容的方法来加以判别，方法与原理如下。

（1）在被测元件两端并联一只适当容量的试验电容，若串接在电路中的电流表的读数增大，则被测阻抗为容性，若电流的读数减小，则为感性。

图 3.19(a)所示电路中，Z 为待测定的元件，C' 为试验电容。图 3.19(b)是图 3.19(a)的等效电路，图中 G、B 为待测阻抗 Z 的电导和电纳，B' 为并联电容 C' 的电纳。在端电压有效值不变的条件下，按以下两种情况进行分析：

① 设 $B+B' = B''$，若 B' 增大，B'' 也增大，则电路中电流 I 将单调地上升，故可判断 B 为容性元件。

② 设 $B+B' = B''$，若 B' 增大，而 B'' 先减小后增大，电流 I 也是先减小后增大，如图 3.20所示，则可判断 B 为感性元件。

由以上分析可见，当 B 为容性元件时，对并联电容 C' 的值无特殊要求；而当 B 为感性元件时，$B' < |2B|$ 才有判定为感性的意义。当 $B' > |2B|$ 时，电流单调上升，与 B 为容性时相同，并不能说明电路是感性的。因此 $B' < |2B|$ 是判断电路性质的可靠条件，由此得判定条件为 $C' < \left| \dfrac{2B}{\omega} \right|$。

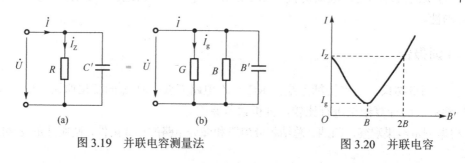

图 3.19　并联电容测量法　　　　　　图 3.20　并联电容

（2）与被测元件串联一个适当容量的试验电容，若被测阻抗的端电压下降，则判为容性，若端电压上升，则判为感性，判定条件为 $\dfrac{1}{\omega C'} < |2X|$，式中，$X$ 为被测阻抗的电抗值，C' 为串联的试验电容值，此关系式可自行证明。

判断待测元件的性质，除上述借助于试验电容 C' 的测定法外，还可以利用该元件电流、电压间的相位关系。若电流超前于电压，则为容性；若电流滞后于电压，则为感性。

3．本次实训所用的功率表为实验台上的智能交流功率表，其电压接线端应与负载并联，电流接线端应与负载串联。

3.6.3　实训设备

序　号	名　称	型号与规格	数　量
1	交流电压表	0～450V	1
2	交流电流表	0～5A	1
3	功率表	—	1
4	自耦调压器		1
5	电感线圈	40W 日光灯配用	1
6	电容器	1μF，4.7μF/500V	1
7	白炽灯	15W /220V	3
8	双踪示波器	DS1102E	1

3.6.4　实训内容

交流电路等效参数测试线路如图 3.21 所示。

1．按图 3.21 所示接线，并经指导教师检查后，方可接通市电电源。

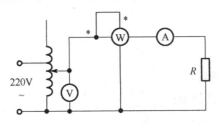

图 3.21　交流电路等效参数测试线路

2．分别测量 15W 白炽灯（R）、40W 日光灯镇流器（L）和 4.7μF 电容器（C）的等效参数，并填入表 3.13 中。

3．测量 L、C 串联与并联后的等效参数，并填入表 3.13 中。

表 3.13　交流电路等效参数

被测阻抗	测量值			计算值		电路等效参数		
	U/V	I/A	P/W	cosφ	Z/Ω	R/Ω	L/mH	C/μF
15W 白炽灯 R								
电感线圈 L								
电容器 C								
L 与 C 串联								
L 与 C 并联								

4．验证用串、并试验电容法判别负载性质的正确性。

测试线路如图 3.21 所示，但无须接功率表，按表 3.14 所示内容进行测量和记录。

表 3.14　串、并试验电容法

被测元器件	串 1μF 电容		并 1μF 电容	
	串前电压/V	串后电压/V	并前电流/A	并后电流/A
R（三只 15W 白炽灯）				
C（4.7μF）				
L（1H）				

5．三表法测定无源单口网络的交流参数。

（1）测试电路如图 3.22 所示。

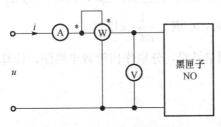

图 3.22　三表法测定交流参数

测试电源取自电工实验台三相交流电源中的一相。调节自耦调压器，使单相交流最大输出电压为 150V。用本单元黑匣子上的 6 只开关，可变换出 8 种不同的电路：

① S_1 合（开关投向上方），其他断；

② S_2、S_4 合，其他断；

③ S_3、S_5 合，其他断；

④ S_2 合，其他断；

⑤ S_3、S_6 合，其他断；

⑥ S_2、S_3、S_6 合，其他断；

⑦ S_2、S_3、S_4、S_5 合，其他断；

⑧ 所有开关合。

测出以上 8 种电路的 U、I、P 及 $\cos\varphi$ 的值，并列表记录。

（2）按图 3.23 所示接线。将自耦调压器的输出电压调为小于或等于 30V。按照第（1）步中黑匣子的 8 种开关组合，观察和记录电压、电流（即 R 上的电压）的相位关系。

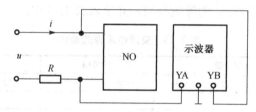

图 3.23　交流电路相位

3.6.5　实训注意事项

1．本次实训直接由市电 220V 交流电源供电，实训过程中要特别注意人身安全，不可用手直接触摸通电线路的裸露部分，以免触电，进实训室应穿绝缘鞋；

2．自耦调压器在接通电源前，应将其手柄置于零位上，调节时，使其输出电压从零开始逐渐升高。每次改接线路、换拨黑匣子上的开关及测试完毕，都必须先将其旋柄慢慢调回零位，再断电源，必须严格遵守这一安全操作规程；

3．实训前应详细阅读交流功率表的使用说明书，熟悉其使用方法。

3.6.6　实训报告

1．根据测量数据，完成各项计算。

2．在 50Hz 的交流电路中，测得了一只铁芯线圈的 P、I 和 U，如何计算它的阻值及电感量？

3．如何用串联电容的方法来判别阻抗的性质？试用 I 随 X'_C（串联容抗）的变化关系进行定性分析，证明串联试验时，C' 满足 $\dfrac{1}{\omega C'} < |2X|$。

4．根据内容 5 的观察测量结果，分别作出等效电路图，计算出等效电路参数，并判定负载的性质。

3.7　功率因数的提高

3.7.1　实训目的

1. 研究正弦稳态交流电路中电压、电流相量之间的关系；
2. 掌握日光灯电路的接线；
3. 了解改善电路功率因数的意义及其方法。

3.7.2　实训原理

1. 电路如图 3.24 所示，图中 A 是日光灯管，L 是镇流器，S 是启辉器，C 是补偿电容器，用以改善电路的功率因数（$\cos\varphi$）。

电路接通电源后，启辉器内触点间辉光放电，双金属片受热弯曲，触点闭合接通灯丝电源，灯丝预热发射电子；辉光放电停止，双金属片变冷，触点突然断开，镇流器产生感应高压。此高压加到日光灯管的两端，日光灯管两端灯丝高压放电，形成放电通道，同时产生大量紫外线使管壁发出荧光，日光灯进入稳定工作状态。

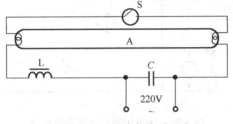

图 3.24　日光灯电路

2. 图 3.25 所示为日光灯电路的等效电路，在正弦稳态电源 U 的激励下，流过日光灯的电流 I_L 滞后 U 角度 φ_L，流过补偿电容 C 的电流 I_C 超前 U 角度 90°，此时供电电压 U 与供电电流 I 间的相位差为 φ。φ 称为电路的功率因数角，$\cos\varphi$ 称为电路的功率因数，此时，电源供给日光灯电路的有功功率为 $P = UI\cos\varphi$。

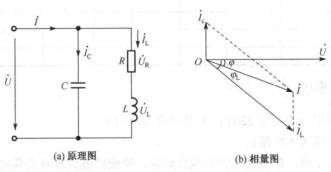

(a) 原理图　　　　　　　(b) 相量图

图 3.25　日光灯电路的等效电路

3.7.3 实训设备

序　号	名　　称	型号与规格	数　量
1	电工实验台	THE—1	1
2	交流电压表	0～500V	1
3	交流电流表	0～5A	1
4	功率表	—	1
5	自耦调压器	—	1
6	镇流器、启辉器	与灯管配用	各1
7	电容器	1μF、2.2μF、4.7μF/500V	各1
8	电流插座		3

3.7.4 实训内容

功率因数的提高实训电路如图 3.26 所示，接好电路，经指导老师检查后，接通电源，将自耦调压器的输出调至 220V，通过一只电流表和三个电流插座分别测得三条支路的电流，改变电容值，进行三次重复测量。记录每次功率表、电压表、电流表的读数，将数据填入表 3.15 中。

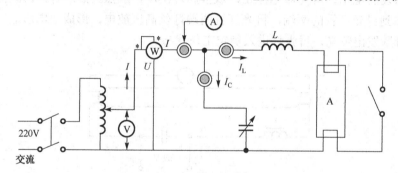

图 3.26　功率因数的提高实训电路

表 3.15　电路伏安值

电容值/μF	测量数值									计算值
	U/V	U_R/V	U_L/V	I/A	I_L/A	I_C/A	P/W	P_R/W	P_L/W	$\cos\varphi$
0										
1										
2.2										
4.7										
7.9										

3.7.5 实训注意事项

1. 本次实训采用交流市电 220V，务必注意安全用电；
2. 功率表要正确接入电路；
3. 若线路接线正确，在日光灯管不能启辉时，则应检查启辉器及其接触是否良好。

3.7.6 实训报告

1. 完成数据表格中的计算，进行必要的误差分析。

2. 根据测量得到的数据，分别绘出电压、电流相量图，验证相量形式的基尔霍夫定律。

3. 根据测量得到的数据，分析并联电容法对提高功率因数的影响，并讨论并联电容是不是越大越好。

3.8　RLC 串联谐振电路的研究

3.8.1　实训目的

1. 学习用测量数据绘制 RLC 串联电路的幅频特性曲线；
2. 加深理解电路发生谐振的条件、特点，掌握电路品质因数的物理意义及其测定方法。

3.8.2　实训原理

1. 在图 3.27 所示的 RLC 串联电路中，当正弦交流信号源 U_i 的频率 f 改变时，电路中的感抗、容抗随之而变，电路中的电流也随 f 而变。取电阻 R 上的电压 U_o 作为响应，当输入电压 U_i 的幅值维持不变时，在不同频率的信号激励下，测出 U_o 的值，然后以 f 为横坐标，以 U_o/U_i 为纵坐标（因 U_i 不变，故也可直接以 U_o 为纵坐标），绘出光滑的曲线，此即为幅频特性曲线，亦称谐振曲线，如图 3.28 所示。

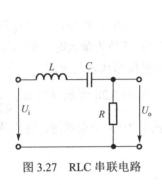

图 3.27　RLC 串联电路

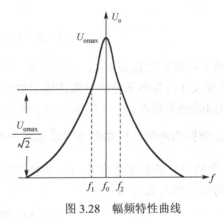

图 3.28　幅频特性曲线

2. 在 $f = f_0 = \dfrac{1}{2\pi\sqrt{LC}}$ 处，幅频特性曲线尖峰所在的频率点称为谐振频率。此时 $X_L = X_C$，电路呈纯阻性，电路阻抗的模为最小。在输入电压 U_i 为定值时，电路中的电流达到最大值，且与输入电压 U_i 同相位。从理论上讲，此时 $U_i = U_R = U_o$，$U_L = U_C = QU_i$，式中，Q 称为电路的品质因数。

3. 电路品质因数 Q 值的两种测量方法。一种方法是根据公式 $Q = \dfrac{U_L}{U_o} = \dfrac{U_C}{U_o}$ 测定，U_C 与 U_L 分别为谐振时电容器 C 和电感线圈 L 上的电压；另一种方法是通过测量谐振曲线的通频带宽度 $\Delta f = f_2 - f_1$，再根据 $Q = \dfrac{f_0}{f_2 - f_1}$ 求出 Q 值。式中，f_0 为谐振频率，f_2 和 f_1 是输出电压的幅度下降到最大值的 $1/\sqrt{2}$（≈ 0.707）时的上、下频率点。Q 值越大，曲线越尖锐，通频带越窄，电路的选择性越好。在恒压源供电时，电路的品质因数、选择性与通频带只取决于电路本身的参数，而与信号源无关。

3.8.3　实训设备

序　号	名　　　称	型号与规格	数　　量
1	函数信号发生器	—	1
2	交流毫伏表	0～600V	1
3	双踪示波器	—	1
4	频率计	—	1
5	谐振电路实验电路板	$R=200\Omega$，$1k\Omega$ $C=0.01\mu F$，$0.1\mu F$，$L\approx30mH$	—

3.8.4　实训内容

1．利用谐振电路实验电路板上的"RLC 串联谐振电路"，按图 3.29 所示组成监视、测量电路。选 $C=0.01\mu F$，用交流毫伏表测电压，令信号源输出电压 $U_i=1.5V$，并保持不变。

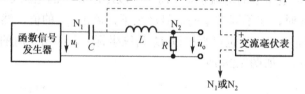

图 3.29　RLC 串联谐振电路

2．找出电路的谐振频率 f_0，其方法是：将毫伏表接在 R（200Ω）两端，令信号源的频率由小逐渐变大（注意要维持信号源的输出幅度不变），当 U_0 的读数为最大时，频率计的频率值即为电路的谐振频率 f_0，并测量 U_C 与 U_L 的值（注意及时更换毫伏表的量限）。

3．在谐振点两侧，按频率递增或递减 500Hz 或 1kHz，按图 3.28 所示再找出 $\dfrac{U_{omax}}{\sqrt{2}}$ 的电压值，其分别对应的频率值为 f_1、f_2，再依次向低频和高频各取 2～3 个点测量，逐点测出 U_0、U_L、U_C 的值，填入表 3.16 中。

表 3.16　RLC 串联谐振

f/kHz								
U_0/V								
U_L/V								
U_C/V								
$U_i=3V$，$C=0.01\mu F$，$R=200\Omega$，$f_0=$　，$f_2-f_1=$　，$Q=$								

4．选 $C_1=0.01\mu F$，$R_2=1k\Omega$，重复步骤 2、3 的测量过程，将结果填入表 3.17 中。

表 3.17　RLC 串联谐振

f/kHz								
U_0/V								
U_L/V								
U_C/V								
$U_i=3V$，$C=0.01\mu F$，$R=1k\Omega$，$f_0=$　，$f_2-f_1=$　，$Q=$								

5. 选 $C_2 = 0.1\mu F$，$R_1 = 200\Omega$ 及 $C_2 = 0.1\mu F$，$R_2 = 1k\Omega$，重复 2、3 两步（自制表格）。

3.8.5　实训注意事项

1. 测试频率点应在靠近谐振频率附近多取几点。在变换频率测试前，应调整信号输出幅度（用示波器监视输出幅度），使其维持在 3V；

2. 测量 U_C 和 U_L 数值前，应将毫伏表的量程改大，而且在测量 U_L 与 U_C 时毫伏表的"+"端接 C 与 L 的公共点，其接地端分别触及 L 和 C 的近地端 N_2 和 N_1。

3. 实训中，信号源的外壳应与毫伏表的外壳绝缘（不共地）。如能用浮地式交流毫伏表测量，则效果更佳。

3.8.6　实训报告

1. 根据测量数据，绘出不同 Q 值时的三条幅频特性曲线，即：$U_o = f(f)$，$U_L = f(f)$，$U_C = f(f)$。

2. 计算出通频带与 Q 值，说明不同的 R 值对电路通频带与品质因数的影响。

3. 对两种不同的测 Q 值的方法进行比较，分析误差原因。

4. 谐振时，比较输出电压 U_o 与输入电压 U_i 是否相等，试分析原因。

5. 通过本次实训，总结、归纳串联谐振电路的特性。

3.9　三相交流电路的测量

3.9.1　实训目的

1. 掌握三相负载作星形连接、三角形连接的方法，验证这两种接法的中线、相电压及线、相电流之间的关系；

2. 充分理解三相四线供电系统中中线的作用。

3.9.2　实训原理

1. 三相负载可接成星形（又称"Y"接）或三角形（又称"△"接）。当三相对称负载作 Y 形连接时，线电压 U_L 是相电压 U_P 的 $\sqrt{3}$ 倍，线电流 I_L 等于相电流 I_P，即 $U_L = \sqrt{3}U_P$，$I_L = I_P$。在这种情况下，流过中线的电流 $I_0 = 0$，所以可以省略中线。当对称三相负载作 △ 形连接时，有 $I_L = \sqrt{3}I_P$，$U_L = U_P$。

2. 不对称三相负载作 Y 形连接时，必须采用三相四线制（Y_0）接法。而且中线必须牢固连接，以保证三相不对称负载的每相电压维持对称不变。

倘若中线断开，会导致三相负载电压的不对称，致使负载轻的那一相的相电压过高，使负载遭受损坏；负载重的那一相的相电压又过低，使负载不能正常工作。尤其是对于三相照明负载，无条件地一律采用 Y_0 接法。

3. 当不对称负载作 △ 形连接时，$I_L \neq \sqrt{3}I_P$，但只要电源的线电压 U_L 对称，加在三相负载上的电压就是对称的，对各相负载工作没有影响。

3.9.3　实训设备

序　号	名　　称	型号与规格	数　量
1	电工实验台	THGE-1	1
2	交流电压表	0～500V	1
3	交流电流表	0～5A	1
4	万用表	—	1
5	三相自耦调压器	—	1
6	三相灯组负载	220V，15W 白炽灯	9
7	电流插座	—	3

3.9.4　实训内容

1. 三相负载星形（Y_0）连接

按图 3.30 所示线路组接电路，即三相灯组负载经三相自耦调压器接通三相对称电源。将三相调压器的旋柄置于输出为 0V 的位置（即逆时针旋到底）。经指导教师检查合格后，方可开启电工实验台的电源，然后调节调压器的输出，使输出的三相线电压为 220V，并按下述内容完成各项测试。分别测量三相负载的线电压、相电压、线电流、相电流、中线电流、电源与负载中点间的电压，将所测得的数据填入表 3.18 中，并观察各相灯组亮暗的变化程度，特别要注意观察中线的作用。

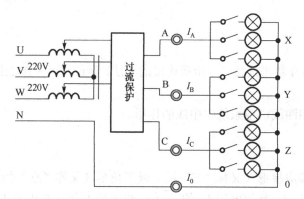

图 3.30　三相负载星形（Y_0）连接

表 3.18　三相负载星形连接

测试内容	开灯盏数			线电流/A			线电压/V			相电压/V			中线电流 I_0/A	中点电压 U_{N0}/V
	A相	B相	C相	I_A	I_B	I_C	U_{AB}	U_{BC}	U_{CA}	U_{A0}	U_{B0}	U_{C0}		
Y_0 接平衡负载	3	3	3											
Y 接平衡负载	3	3	3											
Y_0 接不平衡负载	1	2	3											
Y 接不平衡负载	1	2	3											
Y_0 接 B 相断开	1	0	3											
Y 接 B 相断开	1	0	3											
Y 接 B 相短路	1	0	3											

2．三相负载三角形（△）连接

按图 3.31 所示连接线路，经指导教师检查合格后接通三相电源，并调节调压器，使其输出线电压为 220V，并按表 3.19 所示的内容进行测试。

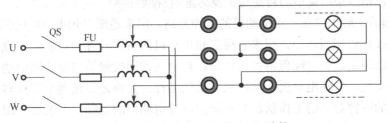

图 3.31 三相负载三角形（△）连接

表 3.19 三相负载三角形连接

负载情况	开灯盏数			线电压 = 相电压/V			线电流/A			相电流/A		
	A-B 相	B-C 相	C-A 相	U_{AB}	U_{BC}	U_{CA}	I_A	I_B	I_C	I_{AB}	I_{BC}	I_{CA}
三相平衡	3	3	3									
三相不平衡	1	2	3									

3.9.5　实训注意事项

1．本次实训采用三相交流市电，线电压为220V，应穿绝缘鞋进入实训室。实训过程中要注意人身安全，不可触及导电部件，防止意外事故发生；

2．每次接线完毕，需要指导教师检查后方可接通电源，不得带电接线或拆线；

3．星形负载作短路测试时，必须首先断开中线，以免发生短路事故；

4．为避免烧坏灯泡，实验挂箱内设有过压保护装置。当任一相电压>（245～250V）时，声光报警并跳闸。因此，在做 Y 形连接不平衡负载或缺相测试时，所加线电压应以最高相电压<240V 为宜。

3.9.6　实训报告

1．用测得的数据验证对称三相电路中的 $\sqrt{3}$ 关系；

2．根据测量数据和观察到的现象，总结三相四线制供电系统中中线的作用。

3．不对称三角形连接的负载，能否正常工作？

4．根据不对称负载三角形连接时的相电流值作相量图，并由相量图求出线电流的值，然后与测得的线电流进行比较。

3.10　三相鼠笼式异步电动机的启动与正反转控制

3.10.1　实训目的

1．掌握三相鼠笼式异步电动机的启动与正反转控制的电气原理图和实际安装接线；

2．了解三相鼠笼式异步电动机的继电-接触控制系统中各种保护、自锁和互锁等控制环节。

3.10.2　实训原理

继电-接触控制在各类生产机械中获得广泛的应用，凡是需要进行前后、左右、上下等运动的生产机械，均须采用典型的启动与正反转继电-接触控制。

1．接触器的主触头接在三相电动机的主控回路，用来通断三相电动机的三相电源；接触器的辅助触头接在控制回路中，用来实现三相电动机的自锁和互锁控制。自锁是指接触器线圈得电后能自动锁定，以继续保持得电状态；自锁通常用接触器自身的辅助动合触头与启动按钮相并联来实现，以使电动机启动后就能长期运行。互锁是指使两个被控对象（两个电器或同一个电器的两种对立的工作状态）不能同时得电动作的控制。互锁通常用接触器自身的辅助动断触头或复合按钮来实现，采用接触器动断触头控制的互锁称为电气互锁，采用复合按钮动断触头控制的互锁称为机械互锁。

2．在电动机运行过程中，应对可能出现的故障进行保护。常见的保护有短路保护、过载保护。熔断器是用来进行短路保护的，当电动机或电器发生短路时，熔断器内的熔体及时熔断，切断电源，以实现短路保护。热继电器是用来进行过载保护的，当电动机长期过载，其绕组电流超过热继电器整定电流值的 20%时，热继电器动断触头断开，切断电源，以实现过载保护。

3．在电气控制线路中，常见的故障发生在接触器上。接触器线圈的电压等级通常有 220V和 380V 等，使用时必须认清，切勿接错；电压过高或过低都有可能烧坏线圈，电压过低，吸力不够，不易吸合或吸合频繁，还会产生很大的吸合噪声。

3.10.3　实训设备

序　号	名　称	型号与规格	数　量
1	电工实验台	THGE—1	1
2	三相交流电源	220V	—
3	三相鼠笼式异步电动机	DJ24	1
4	交流接触器	CJ10—10	2
5	按钮	—	3
6	热继电器	JR16B—20/3D	1
7	交流电压表	0～500V	1
8	万用表		1

3.10.4　实训内容

连接线路之前应辨认各电器的结构、图形符号、接线方法；抄录电动机及各电器铭牌数据；并用万用电表的欧姆挡检查各电器线圈、触头是否完好。本次实训中的三相鼠笼式异步电动机接成△形，供电线电压为 220V，三相电压由实验台上三相自耦调压器的输出端 U、V、W 提供。

1．三相鼠笼式异步电动机的启动控制

图 3.32 所示为三相异步电动机的启动控制线路。图中 FU 是进行短路保护的熔断器，FR是进行过载保护的热继电器，KM 是接触器，SB_1 是按钮，与按钮 SB_1 并联的接触器辅助动合

触头 KM 是起自锁作用的。按图 3.32 所示接好线路，经指导教师检查后方可进行通电操作。

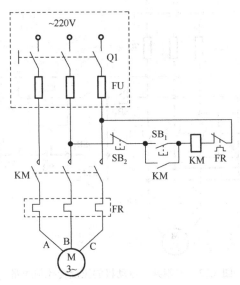

图 3.32　三相异步电动机的启动控制线路

（1）按下控制台启动按钮，接通 220V 三相交流电源。

（2）按下启动按钮 SB_1，松开后观察电动机 M 是否继续运转。

（3）按下停止按钮 SB_2，松开后观察电动机 M 是否停止运转。

（4）按下控制台的停止按钮，切断三相电源。

拆除控制回路中的自锁触头 KM，再接通三相电源，启动电动机，观察电动机及接触器的运转情况，从而验证自锁触头 KM 的作用。

（5）实训完毕，将自耦调压器调回零位，按下控制台的停止按钮，切断线路的三相交流电源。

2. 三相异步电动机的正反转控制

图 3.33 所示为三相异步电动机的正反转控制线路。图中两个复合按钮 SB_1、SB_2 动断触头作机械互锁，两个接触器 KM_1、KM_2 动断触头为电气互锁。按图 3.33 所示接好线路，经指导教师检查后方可进行通电操作。

（1）按下控制台的启动按钮，接通 220V 三相交流电源。

（2）按下正向启动按钮 SB_1，电动机正向启动，观察电动机的转向及接触器的动作情况。按下停止按钮 SB_3，使电动机停转。

（3）按下反向启动按钮 SB_2，电动机反向启动，观察电动机的转向及接触器的动作情况。按下停止按钮 SB_3，使电动机停转。

（4）按下正向（或反向）启动按钮，电动机启动后，再按下反向（或正向）启动按钮，观察有什么情况发生。

（5）电动机停稳后，同时按下正、反向两只启动按钮，观察有什么情况发生。

（6）实训完毕，将自耦调压器调回零位，按下控制台的停止按钮，切断线路电源。

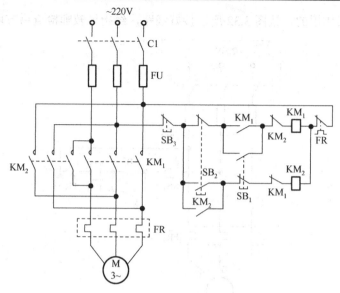

图3.33　三相异步电动机的正反转控制线路

3.10.5　实训故障分析

1. 接通电源后，按下启动按钮（SB_1 或 SB_2），接触器吸合，但电动机不转且发出"嗡嗡"声响，或者虽能启动，但转速很慢，这种故障大多是主回路一相断线或电源缺相。

2. 接通电源后，按下启动按钮（SB_1 或 SB_2），若接触器通断频繁，且发出连续的噼啪声或吸合不牢，发出颤动声，则此类故障原因可能是：

（1）线路接错，将接触器线圈与自身的动断触头串在同一条回路上了；

（2）自锁触头接触不良，时通时断；

（3）接触器铁芯上的短路环脱落或断裂；

（4）电源电压过低或与接触器线圈电压等级不匹配。

3.10.6　实训报告

1. 交流接触器线圈的额定电压为220V，若误接到380V电源上，会产生什么后果？反之，若接触器线圈电压为380V，而电源线电压为220V，其结果又如何？

2. 在电动机正反转控制线路中，为什么必须保证两个接触器不能同时工作？采用哪些措施可解决此问题？这些方法有何利弊？最佳方案是什么？

3. 在控制线路中，短路、过载、失压保护、欠压保护等功能是如何实现的？

第4章　模拟电子技术实训

　　"模拟电子技术实训"与"模拟电子技术"理论课程紧密结合，它能巩固和加深学生对模拟电子线路原理的理解，通过实训学生可以学会验证电子器件的工作特性，学会使用常用电子仪器测量电路的频率、有效值、放大倍数等主要技术指标，能分析并排除实训中出现的故障；能运用理论知识对实训现象进行分析和处理；提高学生的实际工作技能，培养科学严谨的作风，还能为学生学习后续课程和从事实践技术工作奠定基础、发挥重要的作用。

● **实训目标**

（1）正确熟练使用常用电子仪器、仪表；
（2）掌握模拟电子电路的基本特性测试方法；
（3）具备正确处理实测数据、分析误差的能力；
（4）具备初步调试、检查、分析和解决模拟电子电路中常见故障的能力；
（5）能独立写出科学、严谨、文理通顺的实训报告。

● **实训要求**

实训项目	相关知识及能力要求	实训学时
常用电子仪器的使用	（1）掌握双踪示波器、函数信号发生器、交流毫伏表的正确使用方法及读数方法 （2）掌握基本电量的测量方法	2学时
晶体管共发射极单管放大电路特性的研究	（1）掌握晶体管共发射极单管放大电路的工作原理 （2）掌握放大器静态工作点的调试、测量方法 （3）掌握放大器的电压放大倍数、输入电阻、输出电阻的测量方法 （4）分析电路参数的变化对放大电路性能的影响	2学时
两级放大电路及负反馈放大电路的研究	（1）掌握两级放大电路及负反馈放大电路的工作原理 （2）掌握两级放大电路及负反馈放大电路性能的测量方法 （3）分析负反馈对放大器性能的影响	2学时
差动放大器的性能研究	（1）理解差动放大器的工作原理及特点 （2）掌握差动放大器动态指标的测量方法	2学时
集成运算放大器的基本应用	（1）掌握集成运算放大器的正确使用方法 （2）掌握用集成运算放大器构成各种运算电路的方法	2学时
RC正弦波振荡器	（1）理解RC正弦波振荡器的组成及振荡条件 （2）掌握RC串并联网络的幅频特性的测量	2学时
OTL功率放大电路	（1）理解OTL功率放大电路的工作原理和特点 （2）掌握OTL功率放大电路的主要性能指标的测量方法	2学时
直流稳压电源	（1）了解三端稳压器的特性和使用方法 （2）掌握集成稳压器的主要性能指标的测试方法	2学时

4.1　常用电子仪器的使用

4.1.1　实训目的

1．掌握双踪示波器、函数信号发生器、交流毫伏表等常用仪器的正确使用方法；
2．掌握电子技术中基本电量的测量方法及读数方法。

4.1.2　实训原理

在模拟电子技术实训中，经常使用的电子仪器有示波器、函数信号发生器、直流稳压电源、交流毫伏表等。它们和万用表组合，可以完成对模拟电子电路的静态和动态工作情况的测量。测量时要对各种电子仪器进行综合使用，可按照信号流向，根据连线简洁、调节顺手、观察与读数方便等原则将各仪器与被测装置进行合理布局和连接，如图 4.1 所示。接线时应注意，为防止外界干扰，各仪器的公共接地端应连接在一起，称为共地。函数信号发生器和交流毫伏表的引线通常为屏蔽线或专用电缆线，示波器的接线使用专用电缆线，直流电源的接线用普通导线，各连线不要交叉放置。

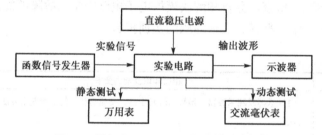

图 4.1　模拟电子电路常用电子仪器连接图

1．直流稳压电源

直流稳压电源为电路工作提供能源。

2．示波器

示波器是一种用途很广的电子测量仪器，用于观察电路中各点的波形，它既能直接显示电信号的波形，又能定量测量电信号的周期、频率、幅值等参数。

3．函数信号发生器

函数信号发生器为电路提供频率、幅值可调的周期性输入信号，如正弦波、方波、三角波等。函数信号发生器作为信号源，它的输出端不允许短路。

4．交流毫伏表

交流毫伏表只能在其工作频率范围之内，用来测量正弦交流电压的有效值。为了防止过载而损坏，测量前一般先把量程开关置于量程较大的位置，然后在测量中根据需要逐挡减小量程。

4.1.3　用示波器测定信号参数

1. 示波器前面板及用户界面简介

在使用数字示波器前，先简要介绍前面板及用户界面，以便在短时间内熟悉并使用数字示波器（不同的数字示波器的按键及功能基本类似，可作为其他系列示波器使用的简要参考）。SDS1000 系列示波器前面板包括旋钮和功能键，如图 4.2 所示。

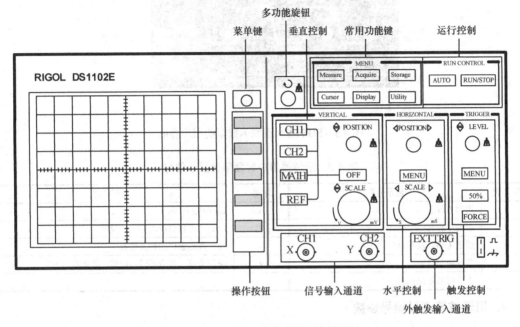

图 4.2　SDS1000 系列示波器的前面板

显示屏右侧的一列 5 个按钮为菜单操作按钮，通过它们可以设置当前菜单的不同选项。其他按钮为功能键，通过它们可以进入不同的功能菜单或直接获得特定的功能应用。表 4.1 所示为示波器的主要菜单及控制按钮介绍。

表 4.1　示波器的主要菜单及控制按钮介绍

CH1、CH2	通道 1、通道 2 设置菜单
MATH	数学计算功能菜单
REF	参考波形菜单
Measure	自动测量功能
Acquire	采样系统功能
Storage	存储系统功能
Cursor	光标测量功能
Display	显示系统功能
Utility	辅助系统功能
AUTO	自动设置示波器控制状态，以显示当前输入信号适宜观察的波形
RUN/STOP	运行和停止波形采样

SDS1000 系列示波器的用户界面如图 4.3 所示。用户界面的部分显示信息如表 4.2 所示。

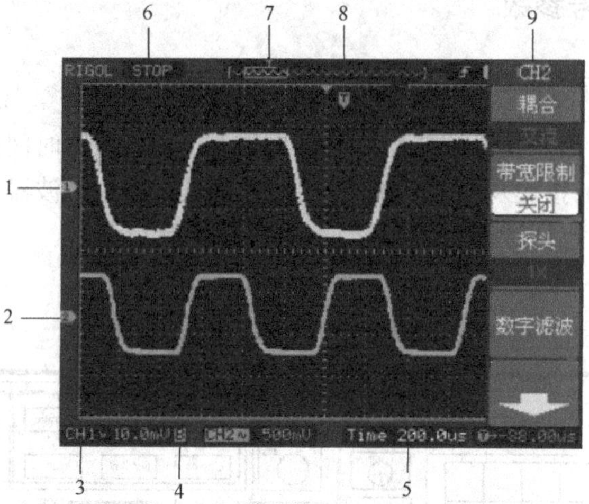

图 4.3　SDS1000 系列示波器的用户界面

表 4.2　示波器用户界面部分显示信息

序　号	显示信息	序号	显示信息
1	通道 1 标志	6	运行状态显示
2	通道 2 标志	7	当前波形窗口在内存中的位置
3	通道 1 耦合及垂直档位状态	8	当前波形窗口的触发位置
4	带宽限制标记	9	操作菜单（对应不同功能键，菜单有所不同）
5	水平时基挡位状态		

2．用示波器测量信号参数

将正弦信号输入示波器，示波器将显示电压相对于时间的图形。通常数字示波器有刻度测量、光标测量或自动测量三种测量方法。

1）刻度测量

观察波形幅度，读出正弦波"峰峰值"在示波器屏幕上的垂直刻度分度，用 H 表示，同时读取示波器上显示的比例系数，用 a 表示，则正弦电压的峰峰值为：$V_{p-p} = H \times a$。同样，观察波形的周期，读出正弦波的一个周期在示波器屏幕上的水平刻度分度，用 L 表示，同时读取示波器上显示的水平时基挡位的数值，用 b 表示，则正弦波电压的周期为：$T = L \times b$。

2）光标测量

光标测量有三种模式：手动模式、追踪模式、自动测量模式。可按下 Cursor 光标测量功能按钮进行模式选择。

（1）手动模式：水平光标或垂直光标成对出现用来测量电压或时间，可手动调整光标的间距。示波器同时显示光标点对应的测量值。

（2）追踪模式：水平光标与垂直光标交叉构成十字光标。十字光标自动定位在波形上，并显示当前定位点的水平坐标、垂直坐标和两光标间水平、垂直的增量。其中，水平坐标以时间值显示，垂直坐标以电压值显示。

（3）自动测量模式：在此方式下，系统会显示对应的光标以揭示测量的物理意义。使用自动测量模式时，首先要通过 Measure 菜单选定需要测量的参数。选定后，屏幕上将显示与该测量参数对应的光标。

3）自动测量

Measure 为自动测量功能按钮，系统将显示自动测量操作菜单，可以根据需要选择需要测量的数据，示波器会为用户进行所有的计算，这种测量方式比刻度测量和光标测量更精确。

测量矩形波、锯齿波等波形参数的方法与测量正弦波的类似。

4.1.4 实训设备

序 号	名 称	型号与规格	数 量
1	函数信号发生器	DG822	1
2	双踪示波器	DS1102E	1
3	万用表	UT39A	1

4.1.5 实训内容

1．用示波器内校准信号对示波器进行自检

1）准备工作

为了验证示波器是否正常工作，可执行一次快速功能检查。首先打开示波器电源，示波器执行所有自检项目，并确认通过自检。将示波器探头上的开关设定到×1，如图 4.4 所示。按下示波器垂直菜单 CH1 按钮，选择与探头衰减系数匹配的探头选项（探头选项默认的衰减设置为×1）。

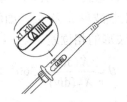

图 4.4　设定示波器的探头衰减系数

2）测试示波器机内校准信号的幅度、频率

将示波器的"校正信号"通过专用电缆引入选定的通道（X 或 Y），按下 AUTO 按钮，示波器显示屏上会显示出多个周期稳定的方波波形。利用示波器读出电压周期、幅度，填入表 4.3 中。

表 4.3　示波器机内校准信号的测试

机内校准信号	标准值	实测值
幅度 V_{p-p}/V		
频率 f/kHz		

2．用示波器测量信号参数

调节函数信号发生器的有关旋钮，输出频率分别为100Hz、1kHz、10kHz、100kHz，有效值分别为 100mV、500mV、1V、3V 的正弦波信号，用示波器测量函数信号发生器输出电压的频率及峰峰值，填入表 4.4 中。

表 4.4　示波器测量信号参数

信号电压频率	信号电压有效值	示波器测量值			计算值	
		周期/ms	峰峰值/V	有效值/V	频率/Hz	有效值/V
100Hz	100mV					
1kHz	500mV					
10kHz	1 V					
100kHz	3V					

3. 测量两波形间相位差

（1）按图 4.5 所示连接电路，将函数信号发生器的输出电压调为频率为 1kHz、幅值为 2V 的正弦波，经 RC 移相网络获得频率相同但相位不同的两路信号 u_i 和 u_R，分别加到双踪示波器的 X 和 Y 输入端。

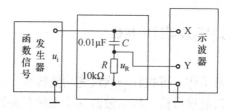

图 4.5　两波形间相位差测量电路

（2）分别按 CH1 和 CH2 选择耦合方式，将 X 和 Y 输入耦合设置为交流，在显示屏上会显示出易于观察的两个相位不同的正弦波形 u_i 及 u_R，如图 4.6 所示。根据两波形在水平方向的差距 X 及信号周期 X_T，可求得两波形的相位差

$$\theta = \frac{X(\text{div})}{X_T(\text{div})} \times 360°$$

式中，X_T 为一周期所占的格数，X 为两波形在 X 轴方向差距所占的格数。

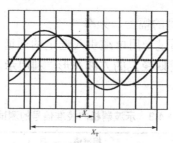

图 4.6　示波器显示两相位不同的正弦波

记录两波形的相位差，并填入表 4.5 中。

表 4.5　两波形的相位差

一周期所占的格数	两波形 X 轴差距所占的格数	相位差
		计算值
$X_T =$	$X =$	$\theta =$

4.1.6　实训注意事项

1．函数信号发生器作为信号源，它的输出端不允许短路。

2．在使用示波器探头时避免电击，应使手指保持在探头主体上防护装置的后面，在探头连接到电压电源时，不可接触探头顶部的金属部分。

3．示波器测量的信号是对"地"的参考电压，接地端应正确接地，不可造成短路。

4.1.7　实训报告

1．整理测量数据，并进行分析。

2．问题讨论：

（1）如何调节示波器有关旋钮，以便从示波器显示屏上可观察到稳定、清晰的波形？

（2）函数信号发生器有哪几种输出波形？它的输出端能否短接？

（3）交流毫伏表是用来测量正弦波电压还是非正弦波电压的？它是否可以用来测量直流电压？

4.2　晶体管共发射极单管放大电路特性的研究

4.2.1　实训目的

1．掌握放大器静态工作点的调试、测量方法；

2．掌握放大器的电压放大倍数、输入电阻、输出电阻的测试方法；

3．分析电路参数的变化对放大电路性能的影响。

4.2.2　实训原理

图 4.7 所示为电阻分压式偏置共发射极单管放大器电路。R_{B1} 和 R_{B2} 组成分压偏置电路，并在发射极接有电阻 R_E，以稳定放大器的静态工作点。当在放大器的输入端加入输入信号 u_i 后，在放大器的输出端便可得到一个与 u_i 相位相反、幅值被放大了的输出信号 u_o，从而实现电压放大。

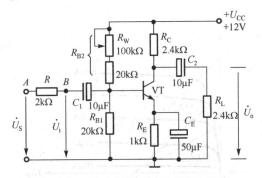

图 4.7　共发射极单管放大器电路

1. 放大器静态工作点的测量与调试

1）静态工作点的测量

测量放大器的静态工作点应在输入信号 $u_i = 0$ 的情况下进行，即将放大器输入端与地端短接，然后选用量程合适的直流毫安表和直流电压表，分别测量晶体管的集电极电流 I_C 及各电极对地的电位 U_B、U_C 和 U_E。为了避免断开集电极，一般采用电压测量法并换算成电流，即先测 U_E 或 U_C，然后算出 I_C，例如，只要测出 U_E，即可用 $I_C \approx I_E = \dfrac{U_E}{R_E}$ 算出 I_C（也可根据 $I_C = \dfrac{U_{CC} - U_C}{R_C}$，由 U_C 确定 I_C），同时也能算出 $U_{BE} = U_B - U_E$，$U_{CE} = U_C - U_E$。为了减小误差，提高测量精度，应选用内阻较高的直流电压表。

2）静态工作点的调试

静态工作点是否合适，对放大器的性能和输出波形都有很大影响。静态工作点偏高，放大器在加入交流信号后易产生饱和失真，此时 u_o 的负半周将被削底，如图 4.8(a)所示；静态工作点偏低，则易产生截止失真，即 u_o 的正半周被缩顶（一般截止失真不如饱和失真明显），如图 4.8(b)所示。这些情况都不符合不失真放大的要求，所以在选定工作点后还必须进行动态调试，即在放大器的输入端加入一定的输入电压 u_i，检查输出电压 u_o 的大小和波形是否满足要求。若不满足，则应调节静态工作点的位置。

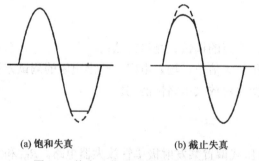

　　　(a) 饱和失真　　　　　　　　(b) 截止失真

图 4.8　静态工作点对输出波形的影响

改变电路参数 U_{CC}、R_C、R_B（R_{B1}、R_{B2}）都会引起静态工作点的变化，如图 4.9 所示。但通常多采用调节偏置电阻 R_{B2} 的方法来改变静态工作点，如减小 R_{B2}，则 I_B 增大，可使静态工作点上移。

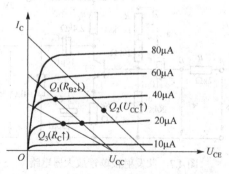

图 4.9　电路参数对静态工作点的影响

需要说明的是，以上所说的工作点"偏高"或"偏低"不是绝对的，应该是相对信号的幅度而言的，如输入信号幅度很小，即使工作点较高或较低也不一定会出现失真。所以确切地说，产生波形失真是信号幅度与静态工作点设置配合不当所致的。如需满足较大信号幅度的要求，静态工作点最好尽量靠近交流负载线的中点。

2．放大器的动态指标测试

放大器的动态指标主要包括电压放大倍数 A_u、输入电阻 R_i、输出电阻 R_o、最大不失真输出电压 U_{OPP} 等。

1）电压放大倍数 A_u 的测量

调整合适的静态工作点，然后加入输入电压 u_i，在输出电压 u_o 不失真的情况下，用交流毫伏表测出 u_i 和 u_o 的有效值 U_i 和 U_o，则可得到电压放大倍数

$$A_u = \frac{U_o}{U_i}$$

2）输入电阻 R_i 的测量

放大器的输入电阻的大小反映了放大器消耗前级信号功率的大小。为了测量放大器的输入电阻，按图 4.10 所示电路在被测放大器的输入端与信号源之间串入一已知电阻 R，在放大器正常工作的情况下，用交流毫伏表测出 U_S 和 U_i，则根据输入电阻的定义可得

$$R_i = \frac{U_i}{I_i} = \frac{U_i}{\dfrac{U_R}{R}} = \frac{U_i}{U_S - U_i} R$$

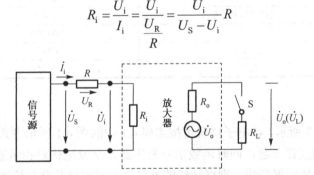

图 4.10　输入、输出电阻测量电路

测量时应注意下列几点。

（1）因为电阻 R 两端没有电路公共接地点，所以在测量 R 两端电压 U_R 时必须分别测出相对于地的电压 U_S 和 U_i，然后按 $U_R = U_S - U_i$ 求出 U_R 值。

（2）电阻 R 的值不宜取得过大或过小，以免产生较大的测量误差，通常取 R 与 R_i 为同一数量级，本电路中取 $R = (1\sim2)\mathrm{k}\Omega$。

3）输出电阻 R_o 的测量

放大器的输出电阻的大小反映了放大器带负载能力的强弱。R_o 越小，放大器的输出等效电路就越接近于恒压源，带负载的能力就越强。按图 4.10 所示电路，在放大器正常工作的条件下，测出输出端不接负载 R_L 的输出电压 U_o 和接入负载后的输出电压 U_L，根据 $U_L = \dfrac{R_L}{R_o + R_L} U_o$ 即可求出 $R_o = \left(\dfrac{U_o}{U_L} - 1\right) R_L$。在测试过程中应注意，必须保持 R_L 接入前后输入信号的大小不变。

4）最大不失真输出电压 U_{OPP} 的测量（最大动态范围）

如上所述，为了得到最大动态范围，应将静态工作点调在交流负载线的中点。为此在放大器正常工作的情况下，逐步增大输入信号的幅度，并同时调节 R_W（改变静态工作点），用示波器观察 u_o。当输出波形同时出现削底和缩顶现象（如图 4.11 所示）时，说明静态工作点已调在交流负载线的中点。然后反复调整输入信号，使波形输出幅度最大且无明显失真时，用交流毫伏表测出 U_O（有效值），则动态范围等于 $2\sqrt{2}U_o$，或用示波器直接读出 U_{OPP}。

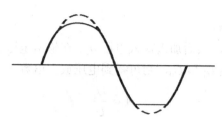

图 4.11 输出波形的失真

4.2.3 实训设备

序　号	名　　称	型号与规格	数　量
1	模拟实验箱	THM—1	1
2	函数信号发生器	DG822	1
3	示波器	DS1102E	1
4	交流毫伏表	UT631	1
5	万用表	UT39A	1

4.2.4 实训内容

实训电路如图 4.7 所示。各电子仪器可按实训 4.1 中的图 4.1 所示方式连接，为防止干扰，各仪器的公共端必须连在一起，同时函数信号发生器、交流毫伏表和示波器的引线应采用专用电缆或屏蔽线，如使用屏蔽线，则屏蔽线的外包金属网应接在公共接地端上。

1. 调试静态工作点

暂不接入函数信号发生器，即动态信号 $u_i = 0$。接通+12V 电源，调节 R_W，使 $U_{CE} = \left(\dfrac{1}{3} \sim \dfrac{1}{2}\right)V_{CC} \approx 5V$ 作为放大器的初选静态工作点 Q，用万用表的直流电压挡测量 U_B、U_E、U_C 的值，填入表 4.6 中。

表 4.6 静态工作点

测量值			计算值		
U_B/V	U_E/V	U_C/V	U_{BE}/V	U_{CE}/V	I_C/mA

2. 测量电压放大倍数

调节函数信号发生器使之输出频率为 1kHz、有效值 U_i 约为 10mV 的正弦信号，然后接到放大器的输入端（B 点）。同时用示波器观察放大器输出电压 u_o 的波形，在波形不失真的条件下用示波器或交流毫伏表测量下述三种情况下的 U_o 的值，并用示波器同时观察 u_o 和 u_i 的相位关系，填入表 4.7 中。

表 4.7　电压放大倍数

$R_C/k\Omega$	$R_L/k\Omega$	U_o/V	A_u	观察记录一组 u_o 和 u_i 波形
2.4	∞			
1.2	∞			
2.4	2.4			

3．测量输入电阻和输出电阻

静态工作点保持原状态不变，在信号源和放大电路之间串入一个已知电阻 R，且 $R_C = 2.4k\Omega$，$R_L = 2.4k\Omega$。输入 $f = 1kHz$、$U_S \approx 100mV$ 的正弦信号，接入到 A 点，在输出电压 u_o 不失真的情况下，用示波器或交流毫伏表测出 U_i（B 点）、U_L 的值并填入表 4.8 中。保持 U_S 不变，断开 R_L，测出输出电压 U_o 的值，填入表 4.8 中。

表 4.8　输入电阻和输出电阻

实　测		估算 $R_i/k\Omega$	实　测		估算 R_o /$k\Omega$
U_S/mV	U_i/mV		U_L/mV	U_o/mV	

4．观察静态工作点对放大器的影响

置 $R_C = 2.4k\Omega$，$R_L = \infty$，输入 $f = 1kHz$、$U_i \approx 100mV$ 的正弦信号，接入到 B 点，分别增大和减小 R_W 使波形出现失真，绘出 u_o 的波形，并测出每种状态下的 U_{CE} 值，填入表 4.9 中。

表 4.9　静态工作点对放大器的影响

验证条件	U_{CE}/V	U_o 波形	工作状态
R_W 适中			
R_W 增大			
R_W 减小			

*5．测量最大不失真输出电压

置 $R_C = 2.4k\Omega$，$R_L = 2.4k\Omega$，同时调节输入信号的幅度和电位器 R_W，用示波器或交流毫伏表测量 U_{OPP} 及 U_o 的值，填入表 4.10 中。

表 4.10　最大不失真输出电压

I_C/mA 或 U_{CC}	U_{im}/mV	U_{om}/V	U_{OPP}/V

4.2.5　实训注意事项

1．调试静态工作点时，应在没有交变信号的情况下进行。

4.2.6　实训报告

1．整理测量结果，并把实测的静态工作点、电压放大倍数、输入电阻、输出电阻的值与理论计算值进行比较（取一组数据进行比较），分析产生误差的原因。

2．总结 R_C、R_L 及静态工作点对放大器的电压放大倍数、输入电阻、输出电阻的影响。

3．讨论静态工作点变化对放大器输出波形的影响。

4．问题讨论：

（1）能否用直流电压表直接测量晶体管的 U_{BE}？为什么要采用通过测 U_B、U_E，再间接算出 U_{BE} 的方法？

（2）当调节偏置电阻 R_{B2}，使放大器输出波形出现饱和失真或截止失真时，晶体管的管压降 U_{CE} 怎样变化？

4.3　两级放大电路及负反馈放大电路的研究

4.3.1　实训目的

1．了解两级放大器级间的相互关系；

2．掌握两级放大电路及负反馈放大电路性能的测量方法；

3．分析负反馈对放大器性能的影响。

4.3.2　实训原理

多级放大器级间的相互连接常采用的是阻容耦合方式和直接耦合方式。前者能使各级之间的静态工作点互不影响，各级工作点可根据信号的要求分别进行调整。后者的各级工作点是相互影响的，在调节某一级的工作点时，会使相邻的工作点随之发生变化。

由于晶体管的参数会受到各种外在因素的影响而变化，因此放大电路的工作点和增益会变得不稳定，而且还存在失真、干扰等问题。为改善放大电路的性能，常常在放大电路中加入负反馈。虽然它使放大器的放大倍数减小，但能从多方面改善放大器的动态指标，如稳定放大倍数、改变输入/输出电阻、减小非线性失真和展宽通频带等。因此，几乎所有的实用放大器都带有负反馈。负反馈放大器有 4 种组态，即电压串联负反馈、电压并联负反馈、电流串联负反馈、电流并联负反馈。本实训以电压串联负反馈为例，分析负反馈对放大器各项性能指标的影响，如图 4.12 所示。

1.　负反馈对放大器稳定性的影响

负反馈放大器的闭环电压放大倍数

$$A_{\mathrm{uf}} = \frac{A_{\mathrm{u}}}{1 + A_{\mathrm{u}}F_{\mathrm{u}}}$$

式中，$A_{\mathrm{u}} = U_{\mathrm{o}}/U_{\mathrm{i}}$ 为基本放大器（无反馈）的电压放大倍数，即开环电压放大倍数；F_{u} 为反馈系数；$1 + A_{\mathrm{u}}F_{\mathrm{u}}$ 为反馈深度，它的大小决定了负反馈对放大器性能改善的程度。当电源电压波动、环境温度变化或元器件参数变化时，会引起放大器的放大倍数的变化，通常用有、无反馈两种情况下放大倍数的相对变化量来评价放大器的稳定性。对于负反馈，$1 + A_{\mathrm{u}}F_{\mathrm{u}} > 1$，所以引入反馈后，放大电路的放大倍数是不带反馈时的放大倍数的 $\dfrac{1}{1 + A_{\mathrm{u}}F_{\mathrm{u}}}$。因此，负反馈放大器闭环放大倍数的稳定性得到提高。

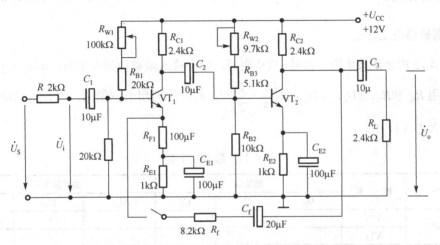

图 4.12　带有电压串联负反馈的两级阻容耦合放大器

2．负反馈对频率响应的影响

阻容耦合放大器的放大倍数随频率的变化而变化，如前所述，放大器接入负反馈后提高了放大倍数的稳定性，因此由频率不同所引起的放大倍数的变化也会减小，即可使频带变宽，改善了频率响应。

3．放大器幅频特性的测量

放大器的幅频特性是指放大器的电压放大倍数 A_{u} 与输入信号频率 f 之间的关系。单管阻容耦合放大电路的幅频特性曲线如图 4.13 所示，A_{um} 为中频电压放大倍数，通常规定电压放大倍数随频率变化而下降到中频放大倍数的 $1/\sqrt{2}$，即 $0.707A_{\mathrm{um}}$ 时所对应的频率分别为下限截止频率 f_{L} 和上限截止频率 f_{H}，则通频带 $f_{\mathrm{BW}} = f_{\mathrm{H}} - f_{\mathrm{L}}$。

放大器的幅频特性就是测量不同频率信号时的电压放大倍数 A_{u}。为此，可采用前述测 A_{u} 的方法，每改变一个信号频率，测量其相应的电压放大倍数，测量时应注意取点要恰当，在低频段与高频段应多测几点，在中频段可以少测几点。此外，在改变频率时，要保持输入信号的幅度不变，且输出

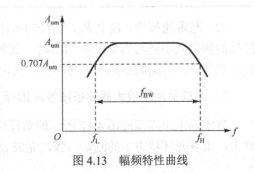

图 4.13　幅频特性曲线

波形不能失真。

4.3.3　实训设备

序　号	名　　称	型号与规格	数　量
1	模拟实验箱	THM—1	1
2	函数信号发生器	DG822	1
3	示波器	DS1102E	1
4	交流毫伏表	UT631	1
5	万用表	UT39A	1

4.3.4　实训内容

1．测量静态工作点

按图 4.12 所示连接电路，接通+12V 电源，暂不接入函数信号发生器，即 $u_i = 0$，分别调节偏置电阻 R_{W1} 和 R_{W2} 使 $U_{CE1} \approx U_{CE2} \approx \left(\dfrac{1}{3} \sim \dfrac{1}{2}\right) U_{CC}$ 时，用万用表测量第一级、第二级的静态工作点，填入表 4.11 中。

表 4.11　静态工作点

测试条件	管　号	测量值			由测量值计算		
		U_B	U_E	U_C	U_{BE}	U_{CE}	I_C
$U_i = 0\text{mV}$	VT_1						
	VT_2						

2．测试开环放大器的各项性能指标

（1）测量开环电压放大倍数 A_u，断开反馈支路，取 $f = 1\text{kHz}$、$U_S \approx 3\text{mV}$ 的正弦信号输入放大器，用示波器监视输出波形 u_o，在 u_o 不失真的情况下，用示波器或交流毫伏表测量 U_S、U_i、带负载电阻 R_L 时的输出电压 U_L，以及空载时的输出电压 U_o 的值，填入表 4.12 中。

表 4.12　开环放大器及负反馈放大器的性能指标

开环放大器	U_S/mV	U_i/mV	U_L/V	U_o/V	A_u	$R_i/\text{k}\Omega$	$R_o/\text{k}\Omega$
负反馈放大器	U_S/mV	U_i/mV	U_L/V	U_o/V	A_{uf}	$R_{if}/\text{k}\Omega$	$R_{of}/\text{k}\Omega$

（2）测量通频带。接上 R_L，保持输入信号 U_S 的幅度不变，逐步增大频率，直至输出信号波形的幅值减小到约为原来的 70% 时，此时信号频率即为放大电路的上限截止频率 f_H。在同样的条件下，逐渐减小频率，可测得放大电路的下限截止频率 f_L 的值，填入表 4.13 中。

3．测试负反馈放大器的各项性能指标

将实训电路连接成图 4.12 所示的负反馈放大电路。保持 U_S 不变，在输出波形不失真的条件下，重复开环状态下的测量步骤，完成表 4.12 及表 4.13。

表 4.13　开环放大器及负反馈放大器的通频带

开环放大器	f_L/kHz	f_H/kHz	Δf/kHz
负反馈放大器	f_{Lf}/kHz	f_{Hf}/kHz	Δf_f/kHz

4.3.5　实训注意事项

1．在测试过程中若输出波形失真，则可适当减小输入信号的幅度。

2．在测量两级放大电路的输出电压时，注意交流毫伏表量程的选择。

4.3.6　实训报告

1．将开环放大器与负反馈放大器动态参数的实测值和理论估算值列表进行比较。

2．根据测试结果，总结电压串联负反馈对放大器性能的影响。

3．问题讨论：

（1）什么是负反馈？放大器为什么通常要接入负反馈？

（2）通常有哪些方法可以减小输出波形失真？

（3）怎样判断放大器是否存在自激振荡？如何进行消振？

4.4　差动放大器的性能研究

4.4.1　实训目的

1．理解差动放大器的工作原理及特点；

2．掌握差动放大器的动态指标的测量方法。

4.4.2　实训原理

差动放大器在直接耦合多级放大器中有广泛的用途，是集成运算放大器的主要组成部分。它既能放大直流信号，又能放大交流信号。它对差模信号有很强的放大能力，对共模信号有很强的抑制能力。正是由于差动放大电路具有抑制共模信号和零点漂移的能力，因此常采用这种单元电路作为集成运放的输入级。图 4.14 所示为差动放大器的基本结构，它由两个元器件参数相同的基本共发射极放大电路组成。

当开关 S 拨向左边时，构成典型的差动放大器。调零电位器 R_W 用来调节 VT_1、VT_2 的静态工作点，使得当输入信号 $U_i = 0$ 时，双端输出电压 $U_o = 0$。R_E 为两管公用的发射极电阻，它对差模信号无负反馈作用，因而不影响差模电压放大倍数，但对共模信号有较强的负反馈作用，故可以有效地抑制零漂，稳定静态工作点。

当开关 S 拨向右边时，构成具有恒流源的差动放大器。它用晶体管恒流源代替发射极电阻 R_E，可以进一步提高差动放大器抑制共模信号的能力。

1．静态工作点的估算

典型的差动放大器的静态工作情况为

$$I_{\rm E} \approx \frac{|U_{\rm EE}| - U_{\rm BE}}{R_{\rm E}} \quad (\text{认为 } U_{\rm B1} = U_{\rm B2} \approx 0), \quad I_{\rm C1} = I_{\rm C2} = \frac{1}{2} I_{\rm E}$$

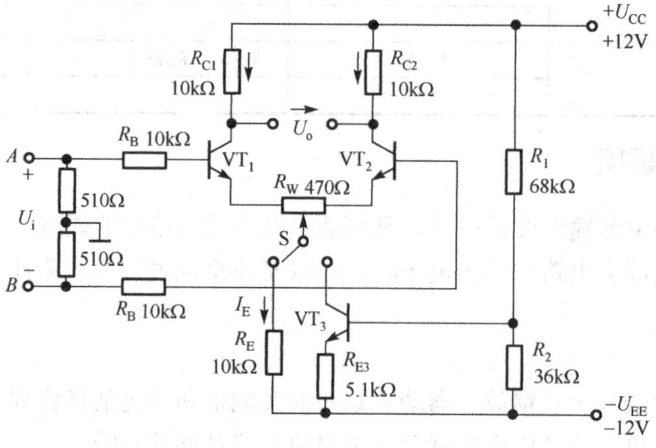

图 4.14　差动放大器的基本结构

对于具有恒流源的差动放大器，其静态工作情况为

$$I_{\rm C3} \approx I_{\rm E3} \approx \frac{\dfrac{R_2}{R_1 + R_2}(U_{\rm CC} + |U_{\rm EE}|) - U_{\rm BE}}{R_{\rm E3}}, \quad I_{\rm C1} = I_{\rm C2} = \frac{1}{2} I_{\rm C3}$$

2. 差模电压放大倍数和共模电压放大倍数

当差动放大器的发射极电阻 $R_{\rm E}$ 足够大或采用恒流源电路时，差模电压放大倍数 $A_{\rm d}$ 由输出端方式决定，而与输入方式无关。

双端输出：$R_{\rm E} = \infty$，$R_{\rm P}$ 在中心位置时，$A_{\rm d} = \dfrac{\Delta U_{\rm o}}{\Delta U_{\rm i}} = -\dfrac{\beta R_{\rm C}}{R_{\rm B} + r_{\rm be} + \dfrac{1}{2}(1+\beta)R_{\rm P}}$；单端输出：

$$A_{\rm d1} = \frac{\Delta U_{\rm C1}}{\Delta U_{\rm i}} = \frac{1}{2} A_{\rm d}, \quad A_{\rm d2} = \frac{\Delta U_{\rm C2}}{\Delta U_{\rm i}} = -\frac{1}{2} A_{\rm d}。$$

当输入共模信号时，若为单端输出，则有 $A_{\rm c1} = A_{\rm c2} = \dfrac{\Delta U_{\rm C1}}{\Delta U_{\rm i}} = \dfrac{-\beta R_{\rm C}}{R_{\rm B} + r_{\rm be} + (1+\beta)\left(\dfrac{1}{2} R_{\rm P} + 2R_{\rm E}\right)} \approx$

$-\dfrac{R_{\rm C}}{2R_{\rm E}}$。若为双端输出，在理想情况下 $A_{\rm c} = \dfrac{\Delta U_{\rm o}}{\Delta U_{\rm i}} = 0$。实际上由于元器件不可能完全对称，因此 $A_{\rm c}$ 也不会绝对等于零。

3. 共模抑制比 $K_{\rm CMRR}$

为了表征差动放大器对有用信号（差模信号）的放大作用和对共模信号的抑制能力，常将共模抑制比作为一项重要的指标来衡量。其定义为放大电路对差模信号的电压放大倍数 $A_{\rm d}$ 与共模信号的电压放大倍数 $A_{\rm c}$ 之比的绝对值，即

$$K_{\rm CMRR} = \left| \frac{A_{\rm d}}{A_{\rm c}} \right| \quad 或 \quad K_{\rm CMRR} = 20\lg \left| \frac{A_{\rm d}}{A_{\rm c}} \right| (\text{dB})$$

差模电压放大倍数越大，共模电压放大倍数越小，则放大差模、抑制共模的能力越强，差动放大器的性能越好。

差动放大器的输入信号可采用直流信号，也可采用交流信号。本次实训由函数信号发生器提供 f = 1kHz 的正弦信号作为输入信号。

4.4.3 实训设备

序　号	名　　称	型号与规格	数　　量
1	模拟实验箱	THM—1	1
2	函数信号发生器	DG822	1
3	双踪示波器	DS1102E	1
4	交流毫伏表	UT631	1
5	万用表	UT39A	1

4.4.4 实训内容

1. 典型差动放大器性能测试

按图 4.14 所示连接电路，将开关 S 拨向左边构成典型差动放大器。

1）测量静态工作点

（1）调节放大器零点。

暂不接入函数信号发生器，接通±12V 直流电源，用直流电压表测量输出电压 U_o，调节调零电位器 R_W，使 U_o = 0。调节要仔细，力求准确。

（2）测量静态工作点。

零点调好以后，用直流电压表测量 VT_1、VT_2 各电极电位及发射极电阻 R_E 两端电压 U_{RE} 的值，填入表 4.14 中。

表 4.14 静态工作点

测量值	U_{C1}/V	U_{B1}/V	U_{E1}/V	U_{C2}/V	U_{B2}/V	U_{E2}/V	U_{RE}/V
计算值		I_C/mA			I_B/mA		U_{CE}/V

2）测量差模电压放大倍数

将函数信号发生器的输出端接放大器输入 A 端，地端接放大器输入 B 端，构成单端输入方式，接通±12V 直流电源，输入电压 $U_i \approx$ 100mV、f = 1kHz 的正弦信号，在输出波形无失真的情况下，用示波器或交流毫伏表测量 U_{C1}、U_{C2} 的值，填入表 4.15 中，观察 u_i、u_{C1}、u_{C2} 之间的相位关系并记录下来。

3）测量共模电压放大倍数

将放大器 A、B 端短接，函数信号发生器接 A 端与地之间，构成共模输入方式，调节输入信号使 f = 1kHz、$U_i \approx$ 0.5V，在输出电压无失真的情况下，测量 U_{C1}、U_{C2} 的值并填入表 4.15 中，计算共模抑制比 K_{CMRR}。

表 4.15　电压放大倍数

	典型差动放大电路		具有恒流源差动放大电路	
	单端输入	共模输入	单端输入	共模输入
U_i	100mV	0.5V	100mV	0.5V
U_{C1}/V				
U_{C2}/V				
$A_{d1}=\dfrac{U_{C1}}{U_i}$		—		—
$A_d=\dfrac{U_o}{U_i}$		—		—
$A_{C1}=\dfrac{U_{C1}}{U_i}$				
$A_C=\dfrac{U_o}{U_i}$		—		—
$K_{CMRR}=\left|\dfrac{A_d}{A_C}\right|$		—		—

2. 具有恒流源的差动放大电路性能测试

将图 4.14 所示电路中的开关 S 拨向右边，构成具有恒流源的差动放大电路。重复内容（2）、（3）的步骤，填入表 4.15 中。

4.4.5　实训注意事项

1. 在用示波器观察单端输入、双端输出的电压波形时，应分别观测两个单端输出（单端对地）时的波形。

2. 在将放大器接成共模输入方式时，注意函数信号发生器的接线方式，不能将函数信号发生器短路。

3. 在测量输出电压时，交流毫伏表的挡位一定要合适。

4.4.6　实训报告

1. 整理测试数据，列表比较测量结果和理论估算值，分析误差原因。

（1）典型差动放大电路单端输出时的 K_{CMRR} 实测值与理论值比较；

（2）典型差动放大电路单端输出时 K_{CMRR} 的实测值与具有恒流源的差动放大器 K_{CMRR} 的实测值比较。

2. 比较 u_i、u_{C1} 和 u_{C2} 之间的相位关系。

3. 根据测试结果总结电阻 R_E 和恒流源的作用，总结差动放大器的性能和特点。

4.5　集成运算放大器的基本应用

4.5.1　实训目的

1. 掌握集成运算放大器的正确使用方法；

2. 学习用集成运算放大器构成各种基本运算电路的方法；

4.5.2 实训原理

集成运算放大器是一种具有高电压放大倍数的直接耦合多级放大电路。它一般有两个输入端（同相输入端和反相输入端）和一个输出端。当外部接入不同的线性或非线性元器件组成输入和负反馈电路时，可以灵活地实现各种特定的函数关系。在线性应用方面，可实现比例、加法、减法、积分、微分等模拟运算。除此之外，还可组成各种波形发生器，如正弦波、三角波、脉冲波发生器等。

1. 反相比例运算电路

电路如图 4.15 所示。设组件 μA741 为理想器件，则 $u_o = -\dfrac{R_F}{R_1} u_i$。为了减小输入级偏置电流引起的运算误差，在同相输入端应接入平衡电阻 $R_2 = R_1 // R_F$。

2. 反相加法运算电路

电路如图 4.16 所示，该电路的输出电压与输入电压之间的关系为 $u_o = -\left(\dfrac{R_F}{R_1} u_{i1} + \dfrac{R_F}{R_2} u_{i2} \right)$，$R_3 = R_1 // R_2 // R_F$。

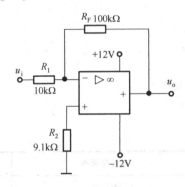

图 4.15 反相比例运算电路

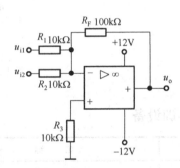

图 4.16 反相加法运算电路

3. 同相比例运算电路

电路如图 4.17(a) 所示，该电路的输出电压与输入电压之间的关系为

$$u_o = \left(1 + \frac{R_F}{R_1} \right) u_i, \quad R_2 = R_1 // R_F$$

当 $R_1 \to \infty$ 时，$u_o = u_i$，即得到图 4.17(b) 所示的电压跟随器。图中 $R_2 = R_F$，用于减小漂移和起保护作用。一般 R_F 取 10kΩ，R_F 太小起不到保护作用，太大则影响跟随性。

4. 减法运算电路

对于图 4.18 所示的减法运算电路，当 $R_1 = R_2$、$R_3 = R_F$ 时，有 $u_o = \dfrac{R_F}{R_1} (u_{i2} - u_{i1})$。

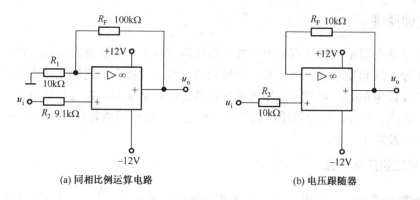

(a) 同相比例运算电路　　　　　　　　(b) 电压跟随器

图 4.17　同相比例运算电路

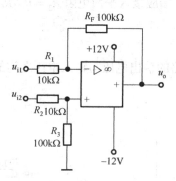

图 4.18　减法运算电路

4.5.3　实训设备

序　　号	名　　　称	型号与规格	数　　量
1	模拟实验箱	THM—1	1
2	可调直流稳压电源	0～30V	两路
3	函数信号发生器	DG822	1
4	双踪示波器	DS1102E	1
5	万用表	UT39A	1

4.5.4　实训内容

1. 反相比例运算电路

（1）设计并连接反相比例运算电路，要求输入电阻 $R_i = 10\text{k}\Omega$，闭环电压增益 $|A_{uf}| = 10$，可参考图 4.15 所示的电路。

（2）输入可调直流稳压电源，U_i 值自定，用万用表测定放大器的输出电压值，改变 u_i 的大小，再测 u_o 的值，研究 u_i 和 u_o 的反相比例关系，填入表 4.16 中。

表 4.16　反相比例运算电路

U_i/V	U_o/V	A_u	
		实测值	计算值

2. 反相加法运算电路

（1）按图 4.16 所示连接电路。

（2）输入信号采用可调直流稳压电源，用直流电压表测量输入电压 u_{i1}、u_{i2} 及输出电压 U_o，填入表 4.17 中。

表 4.17　反相加法运算电路

U_{i1}/V			
U_{i2}/V			
U_o/V			

3. 同相比例运算电路

（1）按图 4.17(a)所示连接电路，步骤同内容 1（2），将结果填入表 4.18 中。

（2）按图 4.17(b)所示连接电路并重复内容 1（2），将结果填入表 4.19 中。

表 4.18　同相比例运算电路

U_i/V	U_o/V	A_u	
		实测值	计算值

表 4.19　电压跟随器

U_i/V	U_o/V	A_u	
		实测值	计算值

4. 减法运算电路

（1）按图 4.18 所示连接电路。采用可调直流稳压电源，步骤同内容 2，填入表 4.20 中。

表 4.20　减法运算电路

U_{i1}/V			
U_{i2}/V			
U_o/V			

5．用积分电路将方波转换为三角波

设计一个积分电路将方波转换为三角波。要求输入信号 u_i 为方波，输出信号 u_o 为三角波。输入信号的频率和幅度及电容值要适当配合，才能得到线性度较好的三角波波形。设计出电阻、电容的合适值并连接好电路，用双踪示波器同时观察 u_i、u_o 的波形，记录在坐标纸上，标出幅值和周期。

4.5.5　实训注意事项

1．要看清运放组件各引脚的位置，切忌正、负电源极性接反和输出端短路，否则将会损坏集成块。

2．连接不同的电路时，切记关闭±12V 直流电源。

4.5.6　实训报告

1．整理测量数据，画出波形图（注意波形间的相位关系）。

2．将理论计算结果和实测数据相比较，分析产生误差的原因。

3．问题讨论：

（1）理想运算放大器线性应用时的两个重要特性是什么？

（2）在换接运算放大器电路时，应注意什么？

4.6　RC 正弦波振荡器

4.6.1　实训目的

1．理解 RC 正弦波振荡器的组成及其振荡条件；

2．学会测量、调试振荡器，观察及测量 RC 串并联网络的幅频特性。

4.6.2　实训原理

从结构上看，正弦波振荡器是没有输入信号的、带选频网络的正反馈放大器。若用 R、C 元器件组成选频网络，就称为 RC 振荡器，一般用来产生 1Hz～1MHz 的低频信号。

1．RC 移相振荡器

电路原理图如图 4.19 所示，$R \gg R_i$。

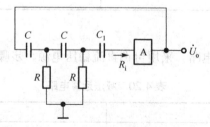

图 4.19　RC 移相振荡器原理图

振荡频率：$f_0 = \dfrac{1}{2\pi\sqrt{6}RC}$。

起振条件：放大器 A 的电压放大倍数 $|\dot{A}| > 29$。

电路特点：简便，但选频作用差，振幅不稳，频率调节不便，一般用于频率固定且稳定性要求不高的场合。

频率范围：几赫～数十千赫。

2．RC 串并联网络（文氏桥）振荡器

电路原理图如图 4.20 所示。

振荡频率：$f_0 = \dfrac{1}{2\pi RC}$。

起振条件：$|\dot{A}| > 3$。

电路特点：可方便地连续改变振荡频率，便于加负反馈来稳幅，容易得到良好的振荡波形。

3．双 T 选频网络振荡器

电路原理图如图 4.21 所示。

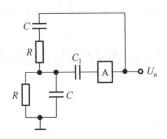

图 4.20　RC 串并联网络振荡器原理图

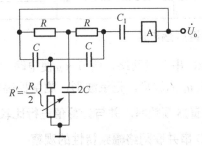

图 4.21　双 T 选频网络振荡器原理图

振荡频率：$f_0 = \dfrac{1}{5RC}$。

起振条件：$R' < \dfrac{R}{2}$，$|\dot{A}\dot{F}| > 1$。

电路特点：选频特性好，调频困难，适用于产生单一频率的振荡。

4.6.3　实训设备

序　号	名　　称	型号与规格	数　量
1	模拟实验箱	THM—1	1
2	函数信号发生器	DG822	1
3	双踪示波器	DS1102E	1
4	交流毫伏表	UT631	1
5	万用表	UT39A	1

4.6.4　实训内容

本次实训采用两级共发射极分立元器件放大器组成 RC 正弦波振荡器。图 4.22 所示为 RC 串并联选频网络振荡器。

1. 按图 4.22 所示连接线路

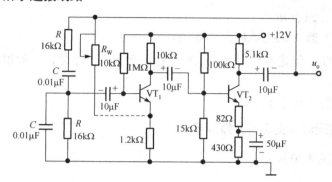

图 4.22　RC 串并联选频网络振荡器

2. 测量放大器静态工作点并填入表 4.21 中（断开 RC 串并联选频网络）

表 4.21　静态工作点

三极管	U_{CE}/V	U_C/V	U_B/V	U_E/V
VT$_1$				
VT$_2$				

3. 测量振荡电压

接通 RC 串并联网络，调节 R_W 使电路起振，直到获得满意的正弦信号，用双踪示波器观测输出电压 u_o 的波形，记录波形，测量振荡电压。

4. 测量振荡频率，并与计算值进行比较

5. RC 串并联网络幅频特性的观察

（1）将 RC 串并联网络与放大器断开，将函数信号发生器的正弦信号注入 RC 串并联网络，保持输入信号的幅度不变（约 3V），由低到高逐渐改变信号频率，用双踪示波器同时观察输入波形、输出波形，当输入波形、输出波形同相位时，观察函数信号发生器的信号频率，将此时的输入波形、输出波形画在同一坐标上，并测量幅值。

（2）保持输入信号的幅度不变，由低到高逐渐改变信号频率，用交流毫伏表或双踪示波器测量输出端在各个频率下的电压，用逐点描绘法将这些数据画在坐标纸上。

*6. 改变 R 或 C 值，观察振荡频率的变化情况

4.6.5　实训注意事项

1. 在调节振荡电压时，应缓慢调节滑动变阻器 R_W。
2. 在测量 RC 串并联网络的幅频特性时，应注意输入信号的接线方式。

4.6.6　实训报告

1. 整理测量数据，简要说明电路的工作原理和主要元器件在电路中的作用。
2. 画出输出电压 u_o 的波形，由给定的电路参数计算振荡频率，并与实测值比较，分析误差产生的原因。

3．问题讨论：

（1）电路中的哪些参数与振荡频率有关？

（2）若电路不能起振，则应调节哪个参数？

4.7　OTL 功率放大电路

4.7.1　实训目的

1．理解 OTL 功率放大器的工作原理；

2．学会 OTL 电路的调试及主要性能指标的测试方法。

4.7.2　实训原理

在电子电路中，功率放大电路通常工作在大信号状态下，用于向负载提供功率。一般对于功率放大电路的要求是在不失真的情况下，输出的功率大、效率高。目前应用较为广泛的功率放大电路有 OCL（无输出电容）和 OTL（无输出变压器）两种类型。

图 4.23 所示为 OTL 低频功率放大器。其中，晶体三极管 VT_1 组成推动级（也称前置放大级），VT_2、VT_3 是一对参数对称的 NPN 和 PNP 型晶体三极管，它们组成互补推挽 OTL 功放电路。由于三极管 VT_2、VT_3 都接成射极输出器形式，因此具有输出电阻低、负载能力强等优点，适合作为功率输出级。

VT_1 工作于甲类状态，它的集电极电流 I_{C1} 由电位器 R_{W1} 进行调节。I_{C1} 的一部分流经电位器 R_{W2} 及二极管 VD，给 VT_2、VT_3 提供偏压。调节 R_{W2}，可以使 VT_2、VT_3 得到合适的静态电流而工作于甲、乙类状态，以克服交越失真。静态时要求输出端中点 A 的电位 $U_A = \frac{1}{2}U_{CC}$，可以通过调节 R_{W1} 来实现，又由于 R_{W1} 的一端接在 A 点，因此在电路中引入交、直流电压并联负反馈，一方面能够稳定放大器的静态工作点，另一方面也改善了非线性失真。

当输入正弦交流信号 u_i 时，其经 VT_1 放大、倒相后同时作用于 VT_2、VT_3 的基极。u_i 的负半周使 VT_2 导通（VT_3 截止），有电流通过负载 R_L，同时向电容 C_o 充电。在 u_i 的正半周，VT_3 导通（VT_2 截止），已充好电的电容器 C_o 起着电源的作用，通过负载 R_L 放电，这样在 R_L 上就得到完整的正弦波。C_2 和 R 构成自举电路，用于提高输出电压正半周的幅度，以得到大的动态范围。

OTL 电路的主要性能指标如下。

1．最大不失真输出功率 P_{om}

理想情况下，$P_{om} = \dfrac{U_{CC}^2}{8R_L}$，在测试中可通过测量 R_L 两端的电压有效值，来求得实际的

$$P_{om} = \frac{U_o^2}{R_L}。$$

2．效率 η

$\eta = \dfrac{P_{om}}{P_E} \times 100\%$，其中 P_E 是直流电源供给的平均功率。

理想情况下，$\eta_{\max} = 78.5\%$。在测量中，可测量电源供给的平均电流 I_{dC}，从而求得 $P_E = U_{CC} \cdot I_{dC}$，负载上的交流功率已用上述方法求出，因而就可以计算实际效率了。

3. 输入灵敏度

输入灵敏度是指输出最大不失真功率时，输入信号 U_i 的值。

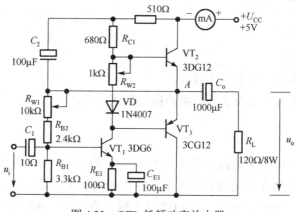

图 4.23　OTL 低频功率放大器

4.7.3　实训设备

序　号	名　称	型号与规格	数　量
1	模拟实验箱	THM—1	1
2	函数信号发生器	DG822	1
3	双踪示波器	DS1102E	1
4	交流毫伏表	UT631	1
5	万用表	UT39A	1

4.7.4　实训内容

在整个测试过程中，电路不应有自激现象。

1. 静态工作点的测试

按图 4.23 所示连接电路，暂不接入函数信号发生器（$u_i = 0$），在电源进线中串入直流毫安表。

1）调节输出端中点电位 U_A

调节电位器 R_{W1}，用直流电压表测量 A 点电位，使 $U_A = \dfrac{1}{2} U_{CC}$。

2）调整输出级静态电流及测试各级静态工作点

从减小交越失真的角度而言，应适当加大输出级静态电流，但该电流过大会使效率降低，所以一般以 5～10mA 为宜。调节 R_{W2}，使 VT_2、VT_3 的 $I_{C2} \approx I_{C3} \approx 5～10$mA。由于毫安表是串在电源进线中的，因此测量的是整个放大器的电流，但一般 VT_1 的集电极电流 I_{C1} 较小，从而可以把测得的总电流近似当作末级的静态电流。如要准确得到了末级静态电流，则可从总电流中减去 I_{C1} 的值。

　　调整输出级静态电流的另一种方法是动态调试法。先使 $R_{W2} = 0$，在输入端接入 $f = 1\text{kHz}$ 的正弦信号 u_i。逐渐增大输入信号的幅值，此时，输出波形应出现较严重的交越失真（注意：没有饱和失真与截止失真），然后缓慢增大 R_{W2}，当交越失真刚好消失时，停止调节 R_{W2}，恢复 $u_i = 0$，此时直流毫安表的读数即为输出级的静态电流，一般数值也应为 5～10mA，如过大，则需要检查电路。

　　输出级电流调好以后，测量各级静态工作点，填入表 4.22 中。

表 4.22　静态工作点

	VT$_1$	VT$_2$	VT$_3$
U_B/V			
U_C/V			
U_E/V			

2．最大输出功率 P_{om} 和效率 η 的测试

1）测量 P_{om}

输入端接 $f = 1\text{kHz}$ 的正弦信号 u_i，用示波器观察输出端输出电压 u_o 的波形。逐渐增大 u_i，使输出电压达到最大不失真输出，用交流毫伏表测量负载 R_L 上的电压 U_{om} 的值，由 $P_{om} = \dfrac{U_{om}^2}{R_L}$ 计算 P_{om}。

2）测量 η

当输出电压为最大不失真输出时，读出直流毫安表中的电流值，此电流即为直流电源供给的平均电流 I_{dC}（有一定误差），由此可近似求得 $P_E = U_{CC}I_{dC}$，再根据上面测得的 P_{om}，即可求出 $\eta = \dfrac{P_{om}}{P_E}$。

3．输入灵敏度测试

根据输入灵敏度的定义，只要测出输出功率 $P_o = P_{om}$ 时的输入电压值 U_i 即可。

4.7.5　实训注意事项

1．在调整 R_{W2} 时，要注意旋转方向，不要调得过大，以免损坏输出管。
2．注意电流表的读数，使电流在 5～10mA 范围内。

4.7.6　实训报告

1．整理测量数据，计算静态工作点、最大不失真输出功率 P_{om}、效率 η 等，并与理论值进行比较。
2．分析自举电路的作用。
3．问题讨论：
（1）交越失真产生的原因是什么？怎样克服交越失真？
（2）为什么引入自举电路能够扩大输出电压的动态范围？

4.8　直流稳压电源

4.8.1　实训目的

1．了解集成三端式稳压器的特性和使用方法；
2．掌握集成稳压器的主要性能指标的测试方法。

4.8.2　实训原理

随着半导体工艺的发展，稳压电路也被制成了集成器件。由于集成稳压器具有体积小、外接线路简单、使用方便、工作可靠和通用性强等优点，因此在各种电子设备中应用十分普遍，基本上取代了由分立元器件构成的稳压电路。集成稳压器的种类很多，使用时应根据设备对直流电源的要求来进行选择。对于大多数电子仪器、设备和电子电路来说，通常是选用串联线性集成稳压器。而在这种类型的器件中，又以三端式稳压器应用最为广泛。

W7800、W7900 系列三端式稳压器的输出电压是固定的，在使用中不能进行调整。W7800 系列三端式稳压器输出正极性电压，一般有 5V、6V、9V、12V、15V、18V、24V 这 7 种，输出电流最大可达 1.5A（加散热片）。若要求输出负极性电压，则可选用 W7900 系列。

图 4.24 所示为 W7800 系列的外形和接线图。它有三个引出端：1 脚为输入端（不稳定电压输入端），2 脚为公共端，3 脚为输出端（稳定电压输出端）。除固定输出三端式稳压器外，还有可调三端式稳压器，后者可通过外接元器件对输出电压进行调整，以适应不同的需要。

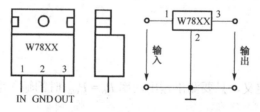

图 4.24　W7800 系列的外形及接线图

本次实训所用的三端式稳压器为三端固定正稳压器 W7812，它的主要参数有：输出直流电压 U_0 = +12V，输出电流 L：0.1A，M：0.5A，电压调整率 10mV/V，输出电阻 R_0 = 0.15Ω，输入电压 U_i 的范围 15～17V。一般 U_i 要比 U_0 大 3～5V，才能保证集成稳压器工作在线性区。

图 4.25 所示为用三端式稳压器 W7812 构成的单电源电压输出串联型稳压电源的实训电路图。其中整流部分采用了由 4 个二极管组成的桥式整流器成品（又称桥堆），型号为 2W06（或 KBP306），内部接线和外部引脚引线如图 4.26 所示。滤波电容 C_1、C_2 一般选取几百到几千微法。当稳压器距离整流滤波电路比较远时，在输入端必须接入电容器 C_3（0.33μF），以抵消线路的电感效应，防止产生自激振荡。输出端电容 C_4（0.1μF）用以滤除输出端的高频信号，改善电路的暂态响应。

图 4.27 所示为正、负双电压输出电路，例如需要 U_{o1} = +15V，U_{o2} = −15V，则可选用 W7815 和 W7915 三端式稳压器，这时的 U_i 应为单电压输出时的两倍。

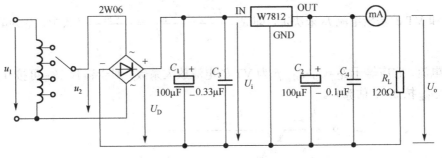

图 4.25　由 W7812 构成的串联型稳压电源

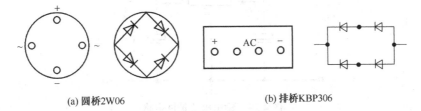

(a) 圆桥2W06　　　　　　　　(b) 排桥KBP306

图 4.26　桥堆引脚图

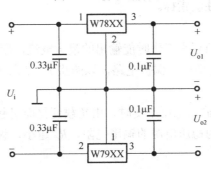

图 4.27　正、负双电压输出电路

当三端式稳压器本身的输出电压或输出电流不能满足要求时，可通过外接电路来进行性能扩展。图 4.28 所示为一种简单的输出电压扩展电路，如 W7812 稳压器的 3、2 端间输出电压为 12V，因此只要适当选择 R 的值，使稳压管 VD_Z 工作在稳压区，则输出电压 $U_o = 12+U_Z$，可以高于稳压器本身的输出电压。

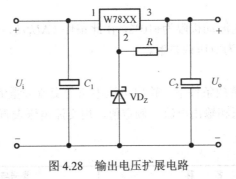

图 4.28　输出电压扩展电路

图 4.29 所示为通过外接晶体管 VT 及电阻 R_1 来进行电流扩展的电路。电阻 R_1 的阻值由外接晶体管的发射结导通电压 U_{BE}、三端式稳压器的输入电流 I_i（近似等于三端式稳压器的输出

电流 I_{o1}）和 VT 的基极电流 I_B 来决定，即 $R_1 = \dfrac{U_{BE}}{I_R} = \dfrac{U_{BE}}{I_i - I_B} = \dfrac{U_{BE}}{I_{o1} - \dfrac{I_C}{\beta}}$（式中，$I_C$ 为晶体管 VT

的集电极电流，它应等于 $I_C = I_o - I_{o1}$；β 为 VT 的电流放大系数；对于锗管 U_{BE} 可按 0.3V 估算，对于硅管 U_{BE} 按 0.7V 估算）。

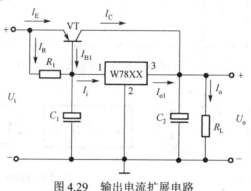

图 4.29　输出电流扩展电路

下面介绍稳压器的主要性能指标。

1）最大输出电流

最大输出电流指稳压电源正常工作时能输出的最大电流，用 I_{omax} 表示。一般情况下的工作电流 $I_o < I_{omax}$，稳压电路内部应有保护电路，以防止 $I_o > I_{omax}$ 时损坏稳压器。

2）输出电阻

输出电阻 R_o 定义为：当输入电压不变时，由负载变化而引起的输出端直流电压的变化量与输出电流变化量之比定义为稳压电源的输出电阻，R_o 越小，说明稳压电源的带负载能力越强。$R_o = \dfrac{\Delta U_o}{\Delta I_o}\bigg|_{u_i = 常数}$。

3）稳压系数（电压调整率）

稳压系数定义为：当负载不变时，输出直流电压 U_o 的相对变化量与输入直流电压 U_i 的相对变化量之比，即 $S = \dfrac{\Delta U_o / U_o}{\Delta U_i / U_i}\bigg|_{R_L = 常数}$。显然，$S$ 越小，稳压器的稳压性能越好。

4）电压调整率

一般情况下电网电压的波动极限为 $\pm 10\%$，在此条件（$\Delta U_i / U_i = \pm 10\%$）下，衡量输出电压的相对变化量 $\Delta U_o / U_o$，称为电压调整率。

5）纹波电压

纹波电压是指在额定负载条件下，输出电压中所含交流分量的有效值，一般为毫伏数量级。测量时，保持输出电压和输出电流为额定值，用交流电压表直接测量即可。

4.8.3　实训设备

序　号	名　　称	型号与规格	数　量
1	模拟实验箱	THM—1	1
2	交流毫伏表	UT631	1
3	双踪示波器	DS1102E	1
4	万用表	UT39A	1

4.8.4　实训内容

1．整流滤波电路特性测试

按图 4.25 所示连接电路，

（1）暂不接入电容 C_1，分别将工频电源 10V、14V 作为整流电路的输入电压 u_2。接通工频电源，用万用表测量整流直流电压 U_D 的值，把数据记录在表 4.23 中。

（2）接入电容 C_1，用万用表测量整流直流电压 U_i 及其纹波电压 $\tilde{U}_i$（用交流毫伏表测量）的值，把数据记录在表 4.23 中。

表 4.23　滤波电路特性

u_2	u_2（实测值）	U_D	U_i	$\tilde{U}_i$
10V				
14V				

（3）用示波器观察纹波电压的波形，并记录下来。

2．集成稳压器性能测试

（1）纹波电压的测量：用万用表测量输出端的纹波电压 U_o 的值。

（2）稳压系数 S 的测量：用万用表测量当工频电源分别为 10V、14V 时的 U_i 及 U_o 的值，填入表 4.24 中，计算稳压系数的值。

表 4.24　稳压系数的测量

U_2	10V	14V	S
U_i			
U_o			

（3）输出电阻 R_o 的测量：用毫安表及万用表测量当负载电阻分别为 120Ω、240Ω 时的 I_o 及 U_o 的值，填入表 4.25 中，计算输出电阻的值。

表 4.25　输出电阻的测量

R_L	I_o	U_o	R_o
240Ω			
120Ω			

4.8.5　实训注意事项

1．连接电路时注意整流桥、稳压器的输入/输出端的标识。

2．电容 C_1、C_2 的正、负极一定不能接反。

4.8.6　实训报告

1．整理测量数据，分析 U_D、U_i 的关系，计算 S 和 R_o，将计算结果与器件手册上的典型值进行比较。

2．分析、讨论实训过程中发生的现象和问题。

第5章 数字电子技术实训

"数字电子技术实训"可使学生加深对数字电路基本概念、基本原理和分析方法的理解，熟悉各种数字电路与脉冲信号的关系，拓宽学生的知识领域，培养与锻炼学生的实践技能和科学的工作作风。通过实训可使学生学会使用常用电子仪器测量、调试数字电路逻辑功能的方法；学会使用各种集成数字电路元器件，使学生对基本数字电路具备初步分析、运用、设计的能力，具备分析检查与排除故障、解决和处理测量结果的能力，为后续课程打下良好的基础。

● 实训目标

（1）能使用各类器件手册、工具书，查阅有关文献、资料；
（2）掌握常用数字集成电路的逻辑功能及使用方法；
（3）掌握数字电子电路的基本设计方法；
（4）能初步调试、检查、分析和解决数字电子电路中的常见故障。

● 实训要求

实训项目	相关知识及能力要求	实训学时
TTL 集成逻辑门（简称集成门）的逻辑功能及参数测试	（1）掌握门电路的逻辑功能 （2）掌握 TTL 集成门电路主要参数的测试方法 （3）掌握 TTL 器件的使用规则	2 学时
组合逻辑电路的设计与测试	（1）掌握基本门电路在组合逻辑电路中的作用 （2）掌握组合逻辑电路的设计方法和测试方法	2 学时
译码器及其应用	（1）掌握中规模集成译码器的逻辑功能及工作原理 （2）熟悉数码管的使用方法 （3）掌握译码器的应用	2 学时
数据选择器及其应用	（1）掌握中规模集成数据选择器的逻辑功能及工作原理 （2）掌握用数据选择器构成组合逻辑电路的方法	2 学时
触发器及其应用	（1）掌握 RS 触发器、JK 触发器、D 触发器的逻辑功能 （2）掌握 RS 触发器、JK 触发器、D 触发器的测试方法 （3）熟悉触发器之间相互转换的方法	2 学时
计数器及其应用	（1）学习用集成触发器构成计数器的方法 （2）掌握中规模集成计数器的功能测试及使用方法 （3）掌握运用集成计数器构成 1/N 分频器的方法	2 学时
移位寄存器及其应用	（1）掌握中规模双向移位寄存器的逻辑功能及使用方法 （2）熟悉移位寄存器的典型应用	2 学时
555 时基电路及其应用	（1）熟悉 555 时基电路的结构、工作原理及其特点 （2）掌握 555 时基电路的基本应用	2 学时

5.1　TTL 集成逻辑门的逻辑功能与参数测试

5.1.1　实训目的

1．掌握 TTL 集成与非门的逻辑功能和主要参数的测试方法；
2．掌握 TTL 器件的使用规则。

5.1.2　实训原理

TTL 集成门电路是晶体管-晶体管逻辑门电路的简称，主要是由双极型三极管组成的。

本次实训采用四输入双与非门 74LS20，即在一块集成块内含两个互相独立的与非门，每个与非门有 4 个输入端。其逻辑图及引脚排列图如图 5.1(a)、(b)所示。

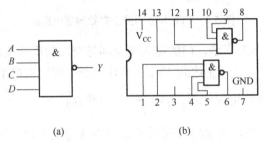

(a)　　　　　　　　　(b)

图 5.1　74LS20 逻辑图和引脚排列图

1．与非门的逻辑功能

与非门的逻辑功能是：当输入端中有一个或一个以上是低电平时，输出端为高电平；只有当输入端全部为高电平时，输出端才是低电平（即有"0"得"1"，全"1"得"0"）。

其逻辑表达式为 $$Y = \overline{ABCD}$$

2．TTL 与非门的主要参数

（1）低电平输出电源电流 I_{CCL} 和高电平输出电源电流 I_{CCH}。当与非门处于不同的工作状态时，电源提供的电流是不同的。I_{CCL} 是指当所有输入端悬空、输出端空载时，电源提供给器件的电流。I_{CCH} 是指输出端空载，每个门各有一个以上的输入端接地，其余输入端悬空，电源提供给器件的电流。通常 $I_{CCL} > I_{CCH}$，它们的大小标志着器件静态功耗的大小。器件的最大功耗为 $P_{CCL} = V_{CC} I_{CCL}$。器件手册中提供的电源电流和功耗值是指整个器件总的电源电流和总的功耗。I_{CCL} 和 I_{CCH} 的测试电路如图 5.2(a)、(b)所示。

（2）低电平输入电流 I_{iL} 和高电平输入电流 I_{iH}。I_{iL} 是指当被测输入端接地，其余输入端悬空，输出端空载时，由被测输入端流出的电流值。在多级门电路中，I_{iL} 相当于前级门输出低电平时，后级向前级门灌入的电流，因此它关系到前级门的灌电流负载能力，即直接影响前级门电路带负载的个数，因此希望 I_{iL} 小一些。I_{iH} 是指当被测输入端接高电平，其余输入端接地，输出端空载时，流入被测输入端的电流值。在多级门电路中，它相当于前级门输出高电平时，前级门的拉电流负载，其大小关系到前级门的拉电流负载能力，因此希望 I_{iH} 小一些。由于 I_{iH} 较小，难以测量，因此一般免于测试。I_{iL} 与 I_{iH} 的测试电路如图 5.2(c)、(d)所示。

（3）扇出系数 N_o，是指门电路能驱动同类门的个数，它是衡量门电路负载能力的一个参数。TTL 与非门有两种不同性质的负载，即灌电流负载和拉电流负载，因此有两种扇出系数，即低电平扇出系数 N_{oL} 和高电平扇出系数 N_{oH}。通常 $I_{iH} < I_{iL}$，则 $N_{oH} > N_{oL}$，故常以 N_{oL} 作为门的扇出系数。

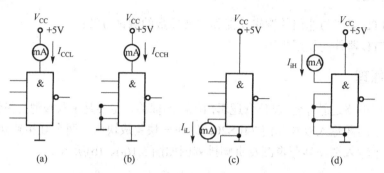

图 5.2　TTL 与非门静态参数测试电路图

N_{oL} 的测试电路如图 5.3 所示，门的输入端全部悬空，输出端接灌电流负载 R_L，调节 R_L 使 I_{oL} 增大，V_{oL} 随之增大，当 V_{oL} 达到 V_{oLm}（器件手册中规定低电平的规范值为 0.4V）时的 I_{oL} 就是允许灌入的最大负载电流，则 $N_{oL} = \dfrac{I_{oL}}{I_{iL}}$，通常 $N_{oL} \geqslant 8$。

（4）电压传输特性。电压传输特性是反映输出电压与输入电压之间关系的特性曲线，其测试电路如图 5.4 所示。通过它可判断门电路是否具备很好的开关特性，还可以确定门电路的一些重要参数，如输出高电平 V_{oH}、输出低电平 V_{oL}、关门电平 V_{OFF}、开门电平 V_{oN}、阈值电平 V_T 及抗干扰容限 V_{NL}、V_{NH} 等值。

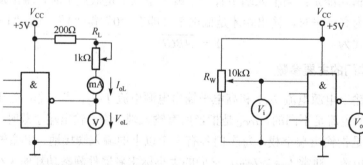

图 5.3　扇出系数测试电路　　　　图 5.4　电压传输特性测试电路

（5）平均传输延迟时间 t_{pd}。t_{pd} 是衡量门电路开关速度的参数，它是指输出波形边缘的 $0.5V_m$ 至输入波形对应边缘 $0.5V_m$ 点的时间间隔，如图 5.5 所示。

图 5.5(a) 中的 t_{pdL} 为导通延迟时间，t_{pdH} 为截止延迟时间，平均传输延迟时间为 $t_{pd} = \dfrac{1}{2}(t_{pdL} + t_{pdH})$。$t_{pd}$ 的测试电路如图 5.5(b) 所示，由于 TTL 门电路的延迟时间较小，直接测量时对信号发生器和示波器的性能要求较高，因此实训采用测量由奇数个与非门组成的环形振荡器的振荡周期 T 来求得。其工作原理是：假设电路在接通电源后某一瞬间，电路中的 A 点为逻辑"1"，经过三级门的延迟后，使 A 点由原来的逻辑"1"变为逻辑"0"；再经过三级门的延迟后，A 点电平又重新回到逻辑"1"，电路中其他各点的电平也随之变化，说明使

A 点发生一个周期的振荡，必须经过 6 级门的延迟时间。因此平均传输延迟时间为 $t_{pd} = \dfrac{T}{6}$，TTL 电路的 t_{pd} 一般为 10～40ns。74LS20 的主要电参数规范如表 5.1 所示。

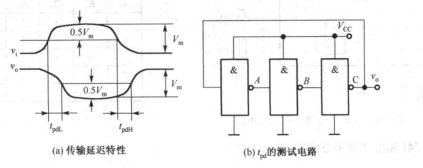

(a) 传输延迟特性　　　　　　　　　　(b) t_{pd} 的测试电路

图 5.5　平均传输延迟时间

表 5.1　74LS20 的主要电参数规范

参数名称和符号			规范值	单位	测试条件
直流参数	导通电源电流	I_{CCL}	<14	mA	$V_{CC} = 5V$，输入端空载，输出端空载
	截止电源电流	I_{CCH}	<7	mA	$V_{CC} = 5V$，输入端接地，输出端空载
	低电平输入电流	I_{iL}	≤1.4	mA	$V_{CC} = 5V$，被测输入端接地，其他输入端悬空，输出端空载
	高电平输入电流	I_{iH}	<50	μA	$V_{CC} = 5V$，被测输入端 $V_i = 2.4V$，其他输入端接地，输出端空载
			<1	mA	$V_{CC} = 5V$，被测输入端 $V_i = 5V$，其他输入端接地，输出端空载
	输出高电平	V_{oH}	≥3.4	V	$V_{CC} = 5V$，被测输入端 $V_i = 0.8V$，其他输入端悬空，$I_{oH} = 400μA$
	输出低电平	V_{oL}	<0.3	V	$V_{CC} = 5V$，输入端 $V_i = 2.0V$，$I_{oL} = 12.8mA$
	扇出系数	N_o	4～8		同 V_{oH} 和 V_{oL}
交流参数	平均传输延迟时间	t_{pd}	≤20	ns	$V_{CC} = 5V$，被测输入端输入信号：$V_i = 3.0V$，$f = 2MHz$

5.1.3　实训设备

序　号	名　　称	型号与规格	数　量
1	数字电路实验箱	THD—2	1
2	双踪示波器	DS1102E	1
3	数字万用表	UT39A	1

5.1.4　实训内容

1. 验证 TTL 集成与非门 74LS20 的逻辑功能

按图 5.6 所示接线，与非门的 4 个输入端接逻辑电平开关，门的输出端接逻辑电平显示（发光二极管）。按表 5.2 所示改变输入端的状态，逐个测试集成块中两个与非门的逻辑功能，将数据填入表 5.2 中。

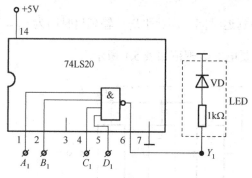

图 5.6　与非门逻辑功能测试电路

表 5.2　74LS20 的逻辑功能

输　入				输　出	
A_n	B_n	C_n	D_n	Y_1	Y_2
1	1	1	1		
0	1	1	1		
1	0	1	1		
1	1	0	1		
1	1	1	0		

2．74LS20 主要参数的测试

（1）分别按图 5.2、图 5.3 所示接线并进行测试，将测试结果填入表 5.3 中。

表 5.3　74LS20 的主要参数

I_{CCL}/mA	I_{CCH}/mA	I_{iL}/mA	I_{oL}/mA	$N_o = \dfrac{I_{oL}}{I_{iL}}$

（2）按图 5.4 所示接线，调节电位器 R_W，使 V_i 从 0V 向高电平变化，逐点测量 V_i 和 V_o 的对应值，填入表 5.4 中，并根据数据绘制电压传输特性曲线。

表 5.4　电压传输特性

V_i/V	0	0.2	0.4	0.6	0.8	1.0	1.5	2.0	2.5	3.0	3.5	4.0	...
V_o/V													

（3）设计一个用与非门 74LS20 控制信号输出的电路。如图 5.7 所示，CP 脉冲由 74LS20 的任一输入端输入，其他输入端接逻辑电平开关，用双踪示波器观察并记录控制信号 $K=0$、$K=1$ 两种情况时的输入波形、输出波形。

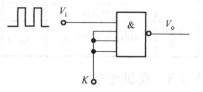

图 5.7　信号控制电路图

5.1.5　实训注意事项

1．插装集成电路时，要认清定位标记，不得插反。

2．连接线路时注意电源极性，不允许接错。

3．若集成芯片引脚上的功能标号为 NC，则表示该引脚为空脚，与内部电路不连接。

4．闲置输入端处理方法如下。

（1）悬空，相当于正逻辑"1"，对于一般小规模集成电路的数据输入端，允许悬空处理。但易受外界干扰，有时会造成电路的误动作。对于接有长线的输入端，中规模以上的集成电路和使用集成电路较多的复杂电路，所有控制输入端必须按逻辑要求接入电路，不允许悬空。

（2）直接接电源电压 V_{CC}（也可以串入一只 1～10kΩ 的固定电阻）或接至某一固定电压（2.4V≤V≤4.5V）的电源上，或与输入端为接地的与非门的多余输出端相接。

（3）若前级驱动能力允许，则可以与使用的输入端并联使用。

5．输入端通过电阻接地，电阻值的大小将直接影响电路所处的状态。当 R≤680Ω 时，

输入端相当于逻辑 "0"；当 $R \geq 4.7\text{k}\Omega$ 时，输入端相当于逻辑 "1"。不同系列的器件要求的阻值不同。

6. 输出端不允许并联使用 [集电极开路门（OC）和三态输出门电路（3S）除外]，否则不仅会使电路的逻辑功能混乱，还会导致器件损坏。

7. 输出端不允许直接接地或直接接+5V 电源，否则将损坏器件，有时为了使后级电路获得较高的输出电平，允许输出端通过电阻 R 接至 V_{CC}，一般取 $R = 3 \sim 5.1\text{k}\Omega$。

5.1.6　实训报告

1. 记录、整理测量结果，并对结果进行分析。
2. 画出实测的电压传输特性曲线，并从中读出各有关参数值。

5.2　组合逻辑电路的设计与测试

5.2.1　实训目的

1. 掌握基本门电路在组合逻辑电路中的作用；
2. 掌握组合逻辑电路的设计方法和测试方法。

5.2.2　实训原理

1. 使用中、小规模集成电路来设计组合电路逻辑是很常见的。组合逻辑电路设计流程图如图 5.8 所示。

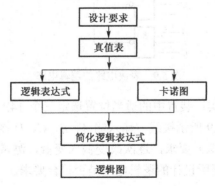

图 5.8　组合逻辑电路设计流程图

根据设计任务的要求建立输入变量、输出变量，并列出真值表，然后用逻辑代数或卡诺图化简法求出简化的逻辑表达式，并按实际选用逻辑门的类型修改逻辑表达式。根据简化后的逻辑表达式画出逻辑图，用标准器件构成逻辑电路。最后，验证设计的正确性。

2. 组合逻辑电路设计举例。

【例 5.1】 用与非门设计一个表决电路。当 4 个输入端中有 3 个或 4 个为 "1" 时，输出端才为 "1"。

解：（1）根据题意列出真值表，如表 5.5 所示，再填入表 5.6 中。

表 5.5　表决电路的真值表

D	0	0	0	0	0	0	0	0	1	1	1	1	1	1	1	1
A	0	0	0	0	1	1	1	1	0	0	0	0	1	1	1	1
B	0	0	1	1	0	0	1	1	0	0	1	1	0	0	1	1
C	0	1	0	1	0	1	0	1	0	1	0	1	0	1	0	1
Z	0	0	0	0	0	0	0	1	0	0	0	1	0	1	1	1

表 5.6　表决电路的卡诺图

BC	DA			
	00	01	11	10
00				
01			1	
11		1	1	1
10			1	

（2）由卡诺图得出逻辑表达式，并演化成"与非"的形式

$$Z = ABC+BCD+ACD+ABD = \overline{\overline{ABC}\ \overline{BCD}\ \overline{ACD}\ \overline{ABC}}$$

（3）根据逻辑表达式画出用"与非门"构成的逻辑电路如图 5.9 所示。

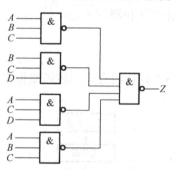

图 5.9　表决电路的逻辑电路

（4）验证逻辑功能。在实训装置中的适当位置选定三个 14P 插座，按照集成块定位标记插好集成块 CC4012。按图 5.9 所示接线，输入端 A、B、C、D 接至逻辑开关，输出端 Z 接逻辑电平显示，按真值表（自拟）要求，逐次改变输入变量，测量相应的输出值，验证逻辑功能，与表 5.5 进行比较，验证所设计的逻辑电路是否符合要求。

5.2.3　实训设备

序　号	名　称	型号与规格	数　量
1	数字电路实验箱	THD—2	1
2	数字万用表	UT39A	1

5.2.4　实训内容

1．设计用异或门、与门组成的半加器电路。要求按本节所述的设计步骤进行，直到测试电路的逻辑功能符合设计要求为止。

2．设计一个一位全加器电路，要求用异或门、与门、或门组成。

3．设计一个一位全加器电路，要求用与或非门实现。

4．设计一个能判断一位二进制数 A 与 B 大小的比较电路。列出真值表，写出逻辑表达式，画出逻辑图。测试中用 L1、L2、L3 分别表示三种状态，即 L1（$A>B$）、L2（$A<B$）、L3（$A=B$）。

5.2.5　实训注意事项

在连接电路时，所用到的每个集成电路都应连上电源。

5.2.6　实训报告

1．列写任务的设计过程，画出设计的电路图。

2．对所设计的电路进行测试，记录测试结果。

3．写出设计组合逻辑电路的体会。

图 5.10 所示为实训器件引脚排列图。

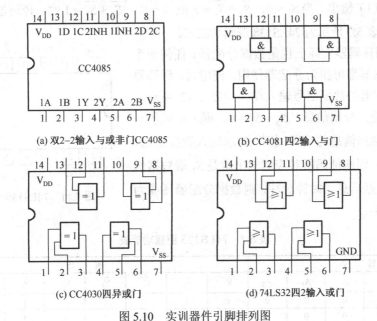

图 5.10　实训器件引脚排列图

5.3　译码器及其应用

5.3.1　实训目的

1．掌握中规模集成译码器的逻辑功能和使用方法；

2．熟悉数码管的使用。

5.3.2　实训原理

译码器是一种多输入、多输出的组合逻辑电路。它的作用是把给定的代码进行"翻译"，变成相应的状态，使输出通道中相应的一路有信号输出。译码器在数字系统中有广泛的用途，不仅可用于代码的转换、终端的数字显示，还可用于数据分配、存储器寻址和实现多种组合逻辑函数等。不同的功能可选用不同种类的译码器。

译码器可分为通用译码器和显示译码器两大类，前者又分为变量译码器和代码变换译码器，这里只介绍其中几种。

1．变量译码器

变量译码器（又称二进制译码器），是用来表示输入变量状态的译码器，若有 n 个输入变量，则有 2^n 个不同的组合状态，就有 2^n 个输出端供其使用。而每个输出所代表的函数对应于 n 个输入变量的最小项。2 线–4 线、3 线–8 线和 4 线–16 线译码器都属于此类。

本次实训以 3 线–8 线译码器 74LS138 为例进行分析，其引脚排列图如图 5.11 所示，其中 A_2、A_1、A_0 为地址输入端，$\overline{Y_0} \sim \overline{Y_7}$ 为译码输出端，输出低电平有效，S_1、$\overline{S_2}$、$\overline{S_3}$ 为使能端。当 $S_1 = 1$，$\overline{S_2} + \overline{S_3} = 0$ 时，器件使能，地址码所指定的输出端有信号（为 0）输出，其他所有输出端均无信号（全为 1）输出。当 $S_1 = 0$，$\overline{S_2} + \overline{S_3} = \times$ 或 $S_1 = \times$，$\overline{S_2} + \overline{S_3} = 1$ 时，译码器被禁止，所有输出同时为 1。表 5.7 所示为 74LS138 逻辑功能表。

（1）二进制译码器实际上也是数据分配器。任何一个带使能端的译码器都可作为分配器使用。使用时，译码器的使能端为分配器的数据信号输入端。如图 5.12 所示，若在 S_1 输入端输入数据信息，$\overline{S_2} = \overline{S_3} = 0$，则地址码所对应的输出是 S_1 数据信息的反码；若从 $\overline{S_2}$ 端输入数据信息，令 $S_1 = 1$，$\overline{S_3} = 0$，则地址码所对应的输出就是 $\overline{S_2}$ 端数据信息的原码。若数据信息是时钟脉冲，则数据分配器便成为时钟脉冲分配器。

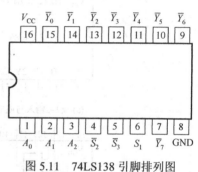

图 5.11　74LS138 引脚排列图

表 5.7　74LS138 逻辑功能表

输　入					输　出							
S_1	$\overline{S_2} + \overline{S_3}$	A_2	A_1	A_0	$\overline{Y_0}$	$\overline{Y_1}$	$\overline{Y_2}$	$\overline{Y_3}$	$\overline{Y_4}$	$\overline{Y_5}$	$\overline{Y_6}$	$\overline{Y_7}$
1	0	0	0	0	0	1	1	1	1	1	1	1
1	0	0	0	1	1	0	1	1	1	1	1	1
1	0	0	1	0	1	1	0	1	1	1	1	1
1	0	0	1	1	1	1	1	0	1	1	1	1
1	0	1	0	0	1	1	1	1	0	1	1	1
1	0	1	0	1	1	1	1	1	1	0	1	1
1	0	1	1	0	1	1	1	1	1	1	0	1
1	0	1	1	1	1	1	1	1	1	1	1	0
0	×	×	×	×	1	1	1	1	1	1	1	1
×	1	×	×	×	1	1	1	1	1	1	1	1

译码器根据输入地址的不同组合译出唯一地址，故可用作地址译码器。接成多路分配器，可将一个信号源的数据信息传输到不同的地点。

（2）二进制译码器还能方便地实现逻辑函数，如图 5.13 所示，实现的逻辑函数是 $Z = \overline{A}\,\overline{B}\,\overline{C} + \overline{A}BC + \overline{A}B\,\overline{C} + ABC$。

（3）利用使能端能方便地将两个 3 线-8 线译码器组合成一个 4 线-16 线译码器，如图 5.14 所示。

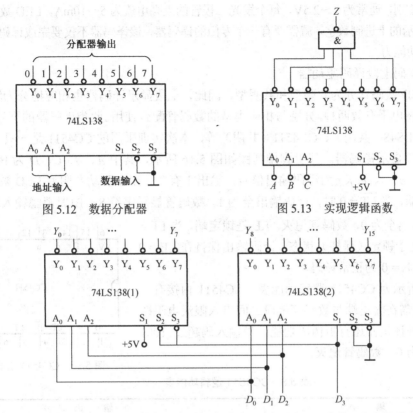

图 5.12　数据分配器　　　　　　　　　图 5.13　实现逻辑函数

图 5.14　用两片 74LS138 组合成 4 线-16 线译码器

2. 显示译码器

显示译码器是驱动显示器件的核心部件，它可以将输入代码转换成相应数字，并在显示器上显示出来。

1）显示器件

显示器件有多种类型，各有特点，应按使用的场所进行选购。下面介绍目前较常用的数字显示器 LED 数码管，图 5.15(a)、图 5.15(b)为共阴型和共阳型的电路，图 5.15(c)为两种不同形式的符号和引脚功能。

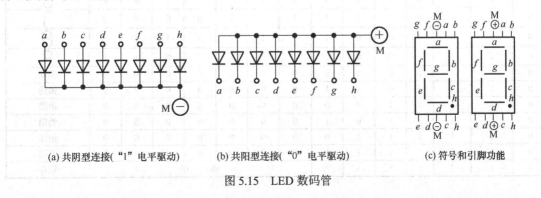

(a) 共阴型连接（"1"电平驱动）　　　(b) 共阳型连接（"0"电平驱动）　　　(c) 符号和引脚功能

图 5.15　LED 数码管

一个 LED 数码管可用来显示一位 0～9 的十进制数和一个小数点。小型数码管（0.5 寸和 0.36 寸，1 寸≈3.33cm）的每段发光二极管的正向压降随显示光（通常为红、绿、黄、橙色）的颜色不同而略有差别，通常为 2～2.5V，每个发光二极管的点亮电流为 5～10mA。LED 数码管要显示 BCD 码所表示的十进制数字，就需要有一个专门的译码器，该译码器不仅要完成译码功能，还要有相当的驱动能力。

2）BCD 码七段译码驱动器

由于 LED 数码管分为共阳型和共阴型，因此，七段显示译码器也相应地分为输出低电平有效和输出高电平有效两种，分别与相应类型的数码管配合使用。此类译码器的型号有 74LS47（共阳）、74LS48（共阴）、CC4511（共阴）等，本次实训采用的 CC4511 是一只驱动共阴型数码管的七段显示译码器。其引脚排列图如图 5.16 所示，其中 A、B、C、D 为 BCD 码输入信号，a、b、c、d、e、f、g 为译码输出信号，输出 1 有效，用来驱动共阴型 LED 数码管。$\overline{LT}$ 为测试输入端，当 $\overline{LT}=0$ 时，译码输出全为 1，数码管显示字符 8。$\overline{BI}$ 是消隐输入端，当 $\overline{BI}=0$ 时，译码输出全为 0，数码管熄灭。LE 是锁定端，当 LE = 1 时译码器处于锁定（保持）状态，译码输出保持在 LE = 0 时的数值，LE = 0 为正常译码。

表 5.8 所示为 CC4511 逻辑功能表。CC4511 内接有上拉电阻，故只需在输出端与数码管笔段之间串入限流电阻即可工作。另外译码器还有拒伪码功能，当输入码超过 1001 时，输出全为 0，数码管熄灭。

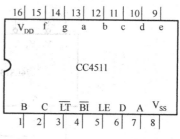

图 5.16　CC4511 引脚排列图

表 5.8　CC4511 逻辑功能表

输　入							输　出							
LE	$\overline{BI}$	$\overline{LT}$	D	C	B	A	a	b	c	d	e	f	g	显示字形
×	×	0	×	×	×	×	1	1	1	1	1	1	1	8
×	0	1	×	×	×	×	0	0	0	0	0	0	0	消隐
0	1	1	0	0	0	0	1	1	1	1	1	1	0	0
0	1	1	0	0	0	1	0	1	1	0	0	0	0	1
0	1	1	0	0	1	0	1	1	0	1	1	0	1	2
0	1	1	0	0	1	1	1	1	1	1	0	0	1	3
0	1	1	0	1	0	0	0	1	1	0	0	1	1	4
0	1	1	0	1	0	1	1	0	1	1	0	1	1	5
0	1	1	0	1	1	0	0	0	1	1	1	1	1	6
0	1	1	0	1	1	1	1	1	1	0	0	0	0	7
0	1	1	1	0	0	0	1	1	1	1	1	1	1	8
0	1	1	1	0	0	1	1	1	1	0	0	1	1	9
0	1	1	1	0	1	0	0	0	0	0	0	0	0	消隐
0	1	1	1	0	1	1	0	0	0	0	0	0	0	消隐
0	1	1	1	1	0	0	0	0	0	0	0	0	0	消隐
0	1	1	1	1	0	1	0	0	0	0	0	0	0	消隐
0	1	1	1	1	1	0	0	0	0	0	0	0	0	消隐
0	1	1	1	1	1	1	0	0	0	0	0	0	0	消隐
1	1	1	×	×	×	×	锁　存							锁存

在本数字电路实验箱上已完成了译码器 CC4511 和数码管 BS202 之间的连接。实训时，只要接通+5V 电源和将十进制数的 BCD 码接至译码器的相应输入端 A、B、C、D，即可显示 0～9 的数字。4 位数码管可接收 4 组 BCD 码输入，CC4511 与 LED 数码管的连接如图 5.17 所示。

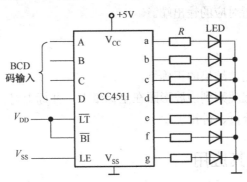

图 5.17　CC4511 驱动 1 位 LED 数码管

5.3.3　实训设备

序　号	名　　称	型号与规格	数　量
1	数字电路实验箱	THD—2	1
2	双踪示波器	DS1102E	1

5.3.4　实训内容

1．数据拨码开关的使用

将实训装置上的 4 组拨码开关的输出 A_i、B_i、C_i、D_i 分别接至 4 组显示译码/驱动器 CC4511 的对应输入，LE、$\overline{BI}$、$\overline{LT}$ 接至 3 个逻辑开关的输出，接上+5V 显示器的电源，然后按表 5.8 输入的要求按动 4 个数码的增减键（"+"与"–"键）和操作与 LE、$\overline{BI}$、$\overline{LT}$ 对应的 3 个逻辑开关，观测拨码盘上的 4 位数与 LED 数码管显示的对应数字是否一致，以及译码显示是否正常。

2．74LS138 译码器逻辑功能测试

将译码器的使能端 S_1、$\overline{S_2}$、$\overline{S_3}$ 及地址端 A_2、A_1、A_0 分别接至逻辑电平开关输出，8 个输出端 $\overline{Y_7}\cdots\overline{Y_0}$ 依次连接在逻辑电平显示器的 8 个输入上，拨动逻辑电平开关，按表 5.7 所示逐项测试 74LS138 的逻辑功能。

3．用 74LS138 构成时序脉冲分配器

（1）参照图 5.12 和实训原理说明，将频率为 1kHz 的时钟脉冲 CP 作为输入信号，要求分配器输出端 $\overline{Y_7}\cdots\overline{Y_0}$ 的波形与输入波形同相。

（2）画出数据分配器的测试电路，用示波器观察和记录在地址端 A_2、A_1、A_0 分别取 000～111 这 8 种不同状态时 $\overline{Y_7}\cdots\overline{Y_0}$ 端的输出波形，注意输出波形与输入波形之间的相位关系。

4．设计编码、译码及七段数码管显示电路

对 0,1,2,…,9 这 10 个按键进行编码并用七段数码管显示相应的数字。

5.3.5　实训注意事项

1. 注意 74LS138 的输出为低电平有效。
2. 不要混淆地址码所对应的输出端。

5.3.6　实训报告

1. 整理数据，分析测试结果的正确性。
2. 画出测试线路，把观察到的波形画在坐标纸上，并标上对应的地址码。
3. 对测量结果进行分析、讨论。

5.4　数据选择器及其应用

5.4.1　实训目的

1. 掌握数据选择器的逻辑功能及使用方法；
2. 学习用数据选择器构成组合逻辑电路的方法。

5.4.2　实训原理

数据选择器又称为"多路开关"，它在地址码（或称为选择控制）电位的控制下，从几个输入数据中选择一个并将其送到一个公共的输出端。数据选择器是目前逻辑设计中应用得十分广泛的逻辑部件，它有 2 选 1、4 选 1、8 选 1、16 选 1 等类别。数据选择器的功能类似一个多掷开关，如图 5.18 所示，图中有 4 路数据 $D_0 \sim D_3$，通过选择控制信号 A_1、A_0（地址码）从 4 路数据中选中某一路数据并送至输出端 Q。数据选择器一般由与或门阵列组成，也有用传输门开关和门电路组合而成的。

1. 8 选 1 数据选择器 74LS151

74LS151 是互补输出的 8 选 1 数据选择器，其引脚排列图如图 5.19 所示，逻辑功能表如表 5.9 所示。选择控制端（地址端）为 $A_2 \sim A_0$，根据二进制译码，从 8 个输入数据 $D_0 \sim D_7$ 中选择一个需要的数据并送到输出端 Q，$\overline{S}$ 为使能端，低电平有效。

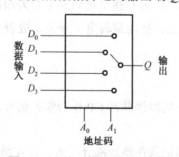

图 5.18　4 选 1 数据选择器示意图

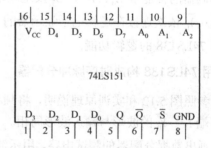

图 5.19　74LS151 引脚排列图

当使能端 $\overline{S} = 1$ 时，不论 $A_2 \sim A_0$ 状态如何，均无输出（$Q = 0$，$\overline{Q} = 1$），多路开关被禁止。当使能端 $\overline{S} = 0$ 时，多路开关正常工作，根据地址码 A_2、A_1、A_0 的状态选择 $D_0 \sim D_7$ 中某一条

通道的数据并送到输出端 Q。如：$A_2A_1A_0 = 000$，则选择 D_0 数据到输出端，即 $Q = D_0$；$A_2A_1A_0 = 001$，则选择 D_1 数据到输出端，即 $Q = D_1$，其余类推。

表 5.9　74LS151 逻辑功能表

输　入				输　出	
$\overline{S}$	A_2	A_1	A_0	Q	$\overline{Q}$
1	×	×	×	0	1
0	0	0	0	D_0	$\overline{D_0}$
0	0	0	1	D_1	$\overline{D_1}$
0	0	1	0	D_2	$\overline{D_2}$
0	0	1	1	D_3	$\overline{D_3}$
0	1	0	0	D_4	$\overline{D_4}$
0	1	0	1	D_5	$\overline{D_5}$
0	1	1	0	D_6	$\overline{D_6}$
0	1	1	1	D_7	$\overline{D_7}$

2. 双 4 选 1 数据选择器 74LS153

所谓双 4 选 1 数据选择器，就是在一块集成芯片上有两个 4 选 1 数据选择器。74LS153 的引脚排列图如图 5.20 所示，逻辑功能表如表 5.10 所示。

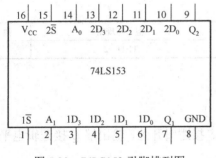

图 5.20　74LS153 引脚排列图

表 5.10　74LS153 逻辑功能表

输　入			输　出
$\overline{S}$	A_1	A_0	Q
1	×	×	0
0	0	0	D_0
0	0	1	D_1
0	1	0	D_2
0	1	1	D_3

$1\overline{S}$、$2\overline{S}$ 为两个独立的使能端；A_1、A_0 为公用的地址输入端；$1D_0 \sim 1D_3$ 和 $2D_0 \sim 2D_3$ 分别为两个 4 选 1 数据选择器的数据输入端；Q_1、Q_2 为两个输出端。

（1）当使能端 $1\overline{S}$（$2\overline{S}$）$= 1$ 时，多路开关被禁止，无输出，$Q = 0$。

（2）当使能端 $1\overline{S}$（$2\overline{S}$）$= 0$ 时，多路开关正常工作，根据地址码 A_1、A_0 的状态，将相应的数据 $D_0 \sim D_3$ 送到输出端 Q。如：$A_1A_0 = 00$，则选择 D_0 数据到输出端，即 $Q = D_0$；$A_1A_0 = 01$，则选择 D_1 数据到输出端，即 $Q = D_1$，其余类推。

数据选择器的用途有很多，如多通道传输、数码比较、并行码变串行码，以及实现逻辑函数等。

3. 数据选择器的应用——实现逻辑函数 $F = A\overline{B} + \overline{A}C + B\overline{C}$

【例 5.2】 用 8 选 1 数据选择器 74LS151 实现函数 $F = A\overline{B} + \overline{A}C + B\overline{C}$。

解：（1）作出函数 F 的功能表，如表 5.11 所示，将函数 F 的功能表与 8 选 1 数据选择器的功能表相比较，可将输入变量 C、B、A 作为 8 选 1 数据选择器的地址码 A_2、A_1、A_0，即：$A_2A_1A_0 = CBA$。

（2）使 8 选 1 数据选择器的各数据输入 $D_0 \sim D_7$ 分别与函数 F 的输出值一一对应，得到 $D_0 = D_7 = 0$，$D_1 = D_2 = D_3 = D_4 = D_5 = D_6 = 1$，则 8 选 1 数据选择器的输出 Q 便实现了函数 $F = A\overline{B} + \overline{A}C + B\overline{C}$，接线图如图 5.21 所示。

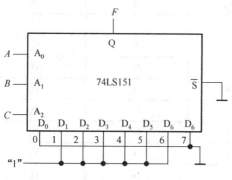

图 5.21　用 8 选 1 数据选择器实现逻辑函数

表 5.11　函数 F 的功能表

输　　　入			输　　出
C	B	A	F
0	0	0	0
0	0	1	1
0	1	0	1
0	1	1	1
1	0	0	1
1	0	1	1
1	1	0	1
1	1	1	0

显然，采用具有 n 个地址端的数据选择实现 n 个变量的逻辑函数时，应将函数的输入变量加到数据选择器的地址端（A），选择器的数据输入端（D）按次序以函数 F 输出值来赋值。

5.4.3　实训设备

序　　号	名　　　称	型号与规格	数　　量
1	数字电路实验箱	THD—2	1

5.4.4　实训内容

1．测试数据选择器 74LS151 的逻辑功能

地址端 A_2、A_1、A_0，数据端 $D_0 \sim D_7$，使能端 $\overline{S}$ 接逻辑开关，输出端 Q 接逻辑电平显示器，按 74LS151 功能表逐项进行测试，记录测试结果。

2．测试 74LS153 的逻辑功能

测试方法及步骤同上，并做记录。

3．用 8 选 1 数据选择器 74LS151 设计三输入多数表决电路

（1）写出设计过程，列出功能表；

（2）画出接线图；

（3）验证逻辑功能。

4．用 8 选 1 数据选择器实现逻辑函数 $F = A\overline{B} + \overline{A}B$

（1）写出设计过程，列出功能表；

（2）画出接线图；

（3）验证逻辑功能。

5．用双 4 选 1 数据选择器 74LS153 实现逻辑函数 $F = \overline{A}BC + A\overline{B}C + AB\overline{C} + ABC$

（1）写出设计过程，列出功能表；

（2）画出接线图；

（3）验证逻辑功能。

5.4.5　实训注意事项

1. 测试 74LS151 逻辑功能时，注意 $D_0 \sim D_7$ 数据的选择，若都选择为零，则发光二极管无显示。

2. 在设计逻辑函数时，应注意地址码与逻辑函数的对应关系。

5.4.6　实训报告

1. 整理数据，分析测试结果的正确性。

2. 用数据选择器对实训内容进行设计，写出设计全过程，画出接线图，并总结收获、体会。

5.5　触发器及其应用

5.5.1　实训目的

1. 掌握与非门构成的 RS 触发器的逻辑功能和测试方法；

2. 掌握 D 触发器与 JK 触发器的逻辑功能和测试方法；

3. 熟悉触发器之间相互转换的方法；

4. 了解触发器的应用。

5.5.2　实训原理

触发器是构成各种时序电路的不可缺少的逻辑单元，在数字系统和计算机中有着广泛的应用，其逻辑功能的特点是电路在某一时刻的输出状态不仅取决于此时刻输入信号的状态，还与电路的原始状态有关。

触发器具有两个稳定状态，用以表示逻辑状态 "1" 和 "0"，在一定的外界信号的作用下，可以从一个稳定状态翻转到另一个稳定状态，它是一个具有记忆功能的二进制信息存储器件。

1. 基本 RS 触发器

图 5.22 所示为由两个与非门交叉耦合构成的基本 RS 触发器，它是无时钟控制低电平直接触发的触发器。基本 RS 触发器具有置 "0"、置 "1" 和 "保持" 三种功能。通常称 $\bar{S}$ 为置 "1" 端，因为 $\bar{S}=0$（$\bar{R}=1$）时触发器被置 "1"；称 $\bar{R}$ 为置 "0" 端，因为 $\bar{R}=0$（$\bar{S}=1$）时触发器被置 "0"，$\bar{S}=\bar{R}=1$ 时状态保持；当 $\bar{S}=\bar{R}=0$ 时，触发器状态不定（用 φ 表示），应避免此种情况发生。表 5.12 所示为基本 RS 触发器的功能表。基本 RS 触发器也可以用两个或非门组成，此时为高电平触发有效。

2. JK 触发器

在输入信号为双端的情况下，JK 触发器是功能完善、使用灵活和通用性较强的一种触发器。74LS112 是下降沿触发的双 JK 触发器，其引脚排列图及逻辑符号如图 5.23 所示，逻辑功能表如表 5.13 所示。

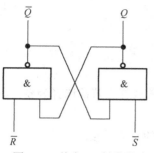

图 5.22　基本 RS 触发器

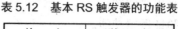

表 5.12　基本 RS 触发器的功能表

输	入	输	出
$\bar{S}$	$\bar{R}$	Q^{n+1}	$\bar{Q}^{n+1}$
0	1	1	0
1	0	0	1
1	1	Q^n	$\bar{Q}^n$
0	0	φ	φ

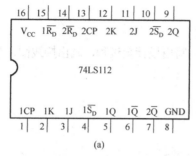

图 5.23　74LS112 双 JK 触发器的引脚排列图及逻辑符号

JK 触发器的状态方程为 $Q^{n+1}=J\bar{Q}^n+\bar{K}Q^n$，$J$ 和 K 是数据输入端，是触发器状态更新的依据，CP 是时钟脉冲输入端，$\bar{S}_D$、$\bar{R}_D$ 分别是异步置 1、置 0 端，均为低电平有效。JK 触发器常被用作缓冲存储器、移位寄存器和计数器。

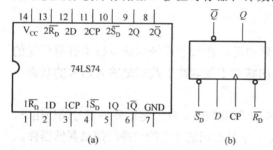

图 5.24　74LS74 的引脚排列图及逻辑符号

3．D 触发器

D 触发器的应用很广，可用来进行数字信号的寄存、移位、分频和波形发生等。在输入信号为单端的情况下，D 触发器用起来最为方便。74LS74 为上升沿触发的边沿触发器，其状态方程为 $Q^{n+1}=D^n$。图 5.24 所示为 74LS74 的引脚排列图及逻辑符号，其逻辑功能表如表 5.14 所示。

表 5.13　JK 触发器的逻辑功能表

输		入			输	出
$\bar{S}_D$	$\bar{R}_D$	CP	J	K	Q^{n+1}	$\bar{Q}^{n+1}$
0	1	×	×	×	1	0
1	0	×	×	×	0	1
0	0	×	×	×	φ	φ
1	1	↓	0	0	Q^n	$\bar{Q}^n$
1	1	↓	1	0	1	0
1	1	↓	0	1	0	1
1	1	↓	1	1	$\bar{Q}^n$	Q^n
1	1	↑	×	×	Q^n	$\bar{Q}^n$

表 5.14　74LS74 的逻辑功能表

输		入		输	出
$\bar{S}_D$	$\bar{R}_D$	CP	D	Q^{n+1}	$\bar{Q}^{n+1}$
0	1	×	×	1	0
1	0	×	×	0	1
0	0	×	×	φ	φ
1	1	↑	1	1	0
1	1	↑	0	0	1
1	1	↓	×	Q^n	$\bar{Q}^n$

注：×表示任意态，↓表示从高电平到低电平跳变，↑表示从低电平到高电平跳变，Q^n（$\bar{Q}^n$）表示现态，Q^{n+1}（$\bar{Q}^{n+1}$）表示次态，φ表示不定态。

4．触发器之间的相互转换

在集成触发器的产品中，每种触发器都有自己固定的逻辑功能。但可以利用转换的方法获得具有其他功能的触发器。例如，将 JK 触发器的 J、K 两端连在一起，并视为 T 端，就得到所需的 T 触发器。如图 5.25(a)所示，其状态方程为：$Q^{n+1} = T\overline{Q}^n + \overline{T}Q^n$，若将 T 触发器的 T 端置"1"，如图 5.25(b)所示，即得 T′ 触发器。T′ 触发器被广泛地用于计数电路中。同样，可将 D 触发器转换成 T′ 触发器，如图 5.26 所示。JK 触发器也可转换为 D 触发器，如图 5.27 所示。

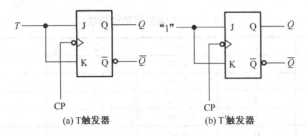

(a) T触发器　　　　　　(b) T′触发器

图 5.25　JK 触发器转换为 T 触发器、T′ 触发器

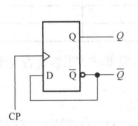

图 5.26　D 触发器转换成 T′ 触发器

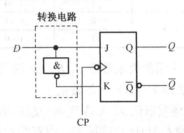

图 5.27　JK 触发器转换成 D 触发器

5.5.3　实训设备

序　号	名　　称	型号与规格	数　量
1	数字电路实验箱	THD—2	1
2	双踪示波器	DS1102E	1

5.5.4　实训内容

1．测试基本 RS 触发器的逻辑功能

按图 5.22 所示接线，用两个与非门组成基本 RS 触发器，输入端 $\overline{R}$、$\overline{S}$ 接逻辑开关，输出端 Q、$\overline{Q}$ 接逻辑电平显示，按表 5.15 所示的要求测试。

表 5.15　RS 触发器的逻辑功能

$\overline{R}$	$\overline{S}$	Q	$\overline{Q}$	触发器工作状态
0	1			
1	0			
1	1			
0	0			

2. 测试双 JK 触发器 74LS112 的逻辑功能

1）测试 $\overline{R}_D$、$\overline{S}_D$ 的复位、置位功能

任取一只 JK 触发器，$\overline{R}_D$、$\overline{S}_D$、J、K 端接逻辑开关，CP 端接单次脉冲源，Q、$\overline{Q}$ 端接逻辑电平显示。要求改变 $\overline{R}_D$、$\overline{S}_D$（J、K、CP 处于任意状态），并在 $\overline{R}_D=0$（$\overline{S}_D=1$）或 $\overline{S}_D=0$（$\overline{R}_D=1$）作用期间任意改变 J、K 及 CP 的状态，观察 Q、$\overline{Q}$ 状态，自拟表格并记录。

2）测试 JK 触发器的逻辑功能

表 5.16　JK 触发器的逻辑功能

J	K	Q^n	CP	Q^{n+1}	触发器工作状态
0	0	0	0→1		
		1	1→0		
0	1	0	0→1		
		1	1→0		
1	0	0	0→1		
		1	1→0		
1	1	0	0→1		
		1	1→0		

按表 5.16 所示的要求改变 J、K、CP 端状态，观察触发器状态更新是否发生在 CP 脉冲的下降沿（即 CP 由 1 至 0），并做记录。

3）将 JK 触发器的 J、K 端连在一起，构成 T 触发器

在 CP 端输入 1kHz 连续脉冲，用双踪示波器观察 CP、Q、$\overline{Q}$ 端波形，注意相位关系，并做记录。

3. 测试双 D 触发器 74LS74 的逻辑功能

（1）测试 $\overline{R}_D$、$\overline{S}_D$ 的复位、置位功能，测试方法同内容 2 的 1），自拟表格并记录。

（2）测试 D 触发器的逻辑功能，按表 5.17 所示的要求进行测试，观察触发器状态更新是否发生在 CP 脉冲的上升沿（即 CP 由 0 至 1），并做记录。

表 5.17　D 触发器的逻辑功能

D	Q^n	CP	Q^{n+1}	触发器工作状态
0	0	0→1		
	1	1→0		
1	0	0→1		
	1	1→0		

（3）将 D 触发器的 $\overline{Q}$ 端与 D 端相连接，构成 T′ 触发器。测试方法同内容 2 的 3），并记录波形。

4. 综合电路——4 路抢答器

主要技术指标：抢答分为 4 组，每组的组号分别为 1～4，按键 S_1～S_4 分别对应每个组。电路完成两种功能：一是判别参赛选手按键的先后，锁存第一位按键参赛选手的组号，同时显示组号；二是使其他参赛选手的按键开关处于无效状态。

电路的工作过程：当主持人按下控制开关 S 时，$R = 0$，各触发器清零，即 $Q = 0$，74LS20 输出为低电平。由于按键 $S_1 \sim S_4$ 均未按动，各或门的输出为高电平，D 触发器的 $S = 1$、$R = 0$，D 触发器的输出 $Q_4 Q_3 Q_2 Q_1 = 0000$，数码管显示 0；当主持人释放控制开关 S 时，开始抢答。若第一组参赛选手最先按动按键 S_1，即 $S_1 = 0$，则 $Q_1 = 1$，$DCBA = 0001$，组号立即显示在数码管上。电路原理图如图 5.28 所示。

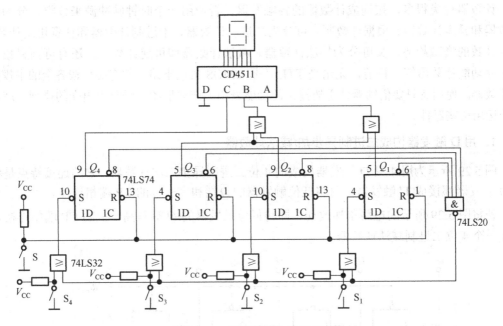

图 5.28　4 路抢答器电路原理图

5.5.5　实训注意事项

1. 在测试 JK 触发器、D 触发器的逻辑功能时，$\overline{R}_D$、$\overline{S}_D$ 应置高电平。

2. 在连接抢答器电路时，所用到的各种集成电路都应接上电源。

5.5.6　实训报告

1. 列表整理各类触发器的逻辑功能。

2. 总结观察到的波形，说明触发器的触发方式。

3. 体会触发器的应用。

5.6　计数器及其应用

5.6.1　实训目的

1. 学习用集成触发器构成计数器的方法；

2. 掌握中规模集成计数器的使用及功能测试方法；

3．学习运用集成计数器构成 1/N 分频器的方法。

5.6.2 实训原理

计数器是一种用以实现计数功能的时序部件，它不仅可用来给脉冲计数，还常用来实现数字系统的定时、分频、执行数字运算及其他特定的逻辑功能。

计数器种类很多，按构成计数器的各触发器是否使用一个时钟脉冲源来分类，分为同步计数器和异步计数器。根据计数制，可分为二进制计数器、十进制计数器和任意进制计数器。根据计数的增减趋势，又可分为加法计数器、减法计数器和可逆计数器。还有可预置数和可编程序功能计数器等。目前，无论是 TTL 还是 CMOS 集成电路，都有品种较齐全的中规模集成计数器。使用者只要借助器件手册提供的功能表和工作波形图，以及引出端的排列，就能正确地运用这些器件。

1．用 D 触发器构成二进制异步加/减法计数器

图 5.29 所示为用 4 只 D 触发器构成的 4 位二进制异步加法计数器，它的连接特点是将每只 D 触发器都接成 T′触发器，再将低位触发器的 $\overline{Q}$ 端和高一位的 CP 端相连接。

若将图 5.29 所示的电路稍加改动，即将低位触发器的 Q 端与高一位的 CP 端相连接，则构成一个 4 位二进制减法计数器。

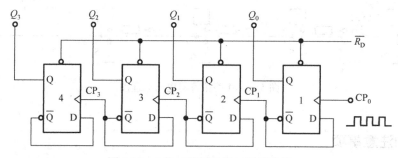

图 5.29 4 位二进制异步加法计数器

2．中规模十进制计数器

CC40192 是同步十进制可逆计数器，具有双时钟输入，并具有清除和置数等功能，其引脚排列图及逻辑符号如图 5.30 所示。

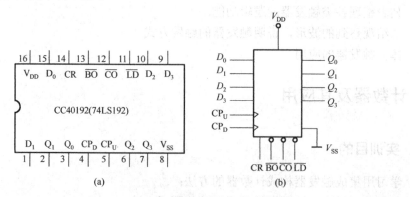

图 5.30 CC40192 的引脚排列图及逻辑符号

图中 $\overline{\text{LD}}$ 表示置数端，CP_U 表示加计数脉冲端，CP_D 表示减计数脉冲端，CR 表示清零端，$\overline{\text{CO}}$ 表示进位输出端，$\overline{\text{BO}}$ 表示借位输出端，D_0、D_1、D_2、D_3 表示计数器的数据输入端，Q_0、Q_1、Q_2、Q_3 表示数据输出端。CC40192（同 74LS192，二者可互换使用）的逻辑功能表如表 5.18 所示。

表 5.18　CC40192 的逻辑功能表

输　入								输　出			
CR	$\overline{\text{LD}}$	CP_U	CP_D	D_3	D_2	D_1	D_0	Q_3	Q_2	Q_1	Q_0
1	×	×	×	×	×	×	×	0	0	0	0
0	0	×	×	d	c	b	a	d	c	b	a
0	1	↑	1	×	×	×	×	加　计　数			
0	1	1	↑	×	×	×	×	减　计　数			

当清除端 CR 为高电平"1"时，计数器直接清零；当 CR 置低电平时，则执行其他功能。

当 CR 为低电平、置数端 $\overline{\text{LD}}$ 也为低电平时，数据直接从置数端 D_0、D_1、D_2、D_3 置入计数器。当 CR 为低电平、$\overline{\text{LD}}$ 为高电平时，执行计数功能。执行加计数时，减计数脉冲端 CP_D 接高电平，计数脉冲由 CP_U 输入；在计数脉冲上升沿进行 8421 码十进制加法计数。执行减计数时，加计数脉冲端 CP_U 接高电平，计数脉冲由减计数脉冲端 CP_D 输入。表 5.19 所示为 8421 码十进制加、减计数器的状态转换表。

表 5.19　状态转换表

加法计数 ————→

	输入脉冲数	0	1	2	3	4	5	6	7	8	9
输出	Q_3	0	0	0	0	0	0	0	0	1	1
	Q_2	0	0	0	0	1	1	1	1	0	0
	Q_1	0	0	1	1	0	0	1	1	0	0
	Q_0	0	1	0	1	0	1	0	1	0	1

←———————————————————— 减法计数

3. 计数器的级联使用

一个十进制计数器只能表示 0～9 这 10 个数，为了扩大计数器范围，常用多个十进制计数器级联使用。同步计数器往往设有进位（或借位）输出端，故可选用其进位（或借位）输出信号驱动下一级计数器。图 5.31 所示为由 CC40192 利用进位输出 $\overline{\text{CO}}$ 控制高一位的 CP_U 端从而构成的级联电路。

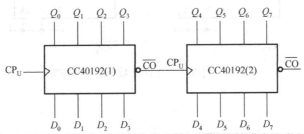

图 5.31　CC40192 级联电路

4. 实现任意进制计数

1）用复位法获得任意进制计数器

假定已有 N 进制计数器，而需要得到一个 M 进制计数器时，只要 $M<N$，用复位法使计数

器计数到 M 时置 "0"，即获得 M 进制计数器。图 5.32 所示为一个由 CC40192 十进制计数器接成的六进制计数器。

2）利用预置功能获得 M 进制计数器

图 5.33 所示为用三个 CC40192 组成的 421 进制计数器。外加的由与非门构成的锁存器可以克服器件计数速度的离散性，保证在反馈置 "0" 信号的作用下计数器能可靠地置 "0"。

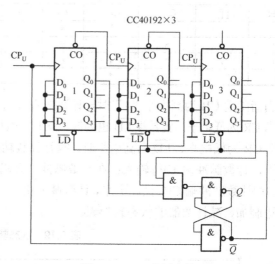

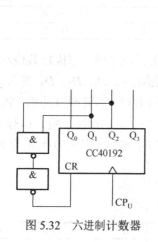

图 5.32　六进制计数器　　　　　图 5.33　421 进制计数器

图 5.34 所示为一个特殊十二进制计数器的电路方案。在数字钟中，时位的计数顺序是 1～12，且无 0 状态。当计数到 13 时，通过与非门产生一个复位信号，使 CC40192(2)（时十位）直接置成 0000，而 CC40192(1)（时个位）直接置成 0001，从而实现了 1～12 计数。

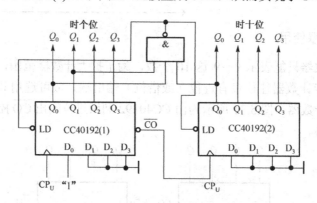

图 5.34　特殊十二进制计数器的电路方案

5.6.3　实训设备

序　号	名　称	型号与规格	数　量
1	数字电路实验箱	THD—2	1
2	双踪示波器	DS1102E	1

5.6.4　实训内容

1. 测试 CC40192 或 74LS192 同步十进制可逆计数器的逻辑功能

计数脉冲由单次脉冲源提供，清零端 CR，置数端 $\overline{LD}$，数据输入端 D_3、D_2、D_1、D_0 分别接逻辑开关，输出端 Q_3、Q_2、Q_1、Q_0 接实训设备中上一个译码显示输入相应插口 D、C、B、A，$\overline{CO}$ 和 $\overline{BO}$ 接逻辑电平显示插口。按表 5.18 所示逐项测试并判断该集成块的功能是否正常。

（1）清零：令 CR = 1，其他输入为任意态，这时 $Q_3Q_2Q_1Q_0$ = 0000，译码数字显示为 0。

（2）置数：CR = 0，CP_U、CP_D 任意，在数据输入端输入任意一组二进制数，令 $\overline{LD}$ = 0，观察译码显示输出。

（3）加计数：CR = 0，$\overline{LD}$ = CP_D = 1，CP_U 接单次脉冲源。清零后送入 10 个单次脉冲，观察译码显示的变化。

（4）减计数：CR = 0，$\overline{LD}$ = CP_U = 1，CP_D 接单次脉冲源，参照（3）进行测试。

2. 用同步十进制可逆计数器 CC40192 或 74LS192 构成六进制计数器

（1）用单次脉冲或 1Hz 脉冲信号作为计数脉冲 CP，写出计数器的状态转换表。

（2）将 1kHz 脉冲信号接入计数器的输入端 CP，用双踪示波器观察和记录分频电路的输入及输出波形。

3. 用 CC4013 或 74LS74 D 触发器构成 4 位二进制异步加法计数器

（1）按图 5.29 所示接线，$\overline{R_D}$ 接逻辑开关，低位 CP_0 端接单次脉冲源，输出端 Q_3、Q_2、Q_1、Q_0 接逻辑电平显示，各 $\overline{S_D}$ 接高电平"1"。

（2）清零后，逐个送入单次脉冲，观察并列表记录 $Q_3 \sim Q_0$ 状态。

（3）将 1Hz 的连续脉冲改为 1kHz，用双踪示波器观察 CP、Q_3、Q_2、Q_1、Q_0 的波形，并记录。

（4）将图 5.29 所示电路中的低位触发器的 Q 端与高一位的 CP 端相连接，构成减法计数器，按内容（2）、（3）进行测试，观察并列表记录 $Q_3 \sim Q_0$ 的状态。

5.6.5　实训注意事项

1. 在测试 CC40192 逻辑功能时，引脚要求接高电平的一定要接高电平，不能悬空。
2. 在连接六进制计数器电路时，CR 端不能接逻辑电平开关。

5.6.6　实训报告

1. 记录、整理观察到的现象及测量所得的有关波形，对实训结果进行分析。
2. 总结使用集成计数器的体会。

5.7　移位寄存器及其应用

5.7.1　实训目的

1．掌握中规模4位双向移位寄存器的逻辑功能及使用方法；
2．熟悉移位寄存器的典型应用。

5.7.2　实训原理

　　移位寄存器是一种具有移位功能的寄存器，是指寄存器中所存的代码能够在移位脉冲的作用下依次左移或右移。既能左移又能右移的称为双向移位寄存器，只需改变左移、右移的控制信号便可实现双向移位要求。移位寄存器存取信息的方式分为串入串出、串入并出、并入串出、并入并出4种形式。

　　本次实训选用4位双向移位寄存器，型号为CC40194或74LS194，两者功能相同，可互换使用，其逻辑符号及引脚排列图如图5.35所示。其中D_0、D_1、D_2、D_3为数据并行输入端，Q_0、Q_1、Q_2、Q_3为数据并行输出端，S_R为数据右移串行输入端，S_L为数据左移串行输入端，S_1、S_0为操作模式控制端，$\overline{C}_R$为清零端，CP为时钟脉冲输入端。

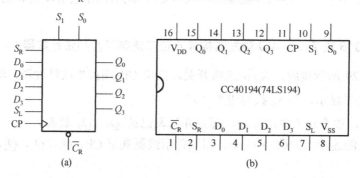

图 5.35　CC40194 的逻辑符号及引脚排列图

　　CC40194有5种不同的操作模式：并行送数寄存、右移（方向为$Q_0 \rightarrow Q_3$）、左移（方向为$Q_3 \rightarrow Q_0$）、保持及清零。S_1、S_0和$\overline{C}_R$端的控制作用如表5.20所示。

表 5.20　CC40194 的逻辑功能表

功能	输　入										输　出			
	CP	$\overline{C}_R$	S_1	S_0	S_R	S_L	D_0	D_1	D_2	D_3	Q_0	Q_1	Q_2	Q_3
清除	×	0	×	×	×	×	×	×	×	×	0	0	0	0
送数	↑	1	1	1	×	×	a	b	c	d	a	b	c	d
右移	↑	1	0	1	D_{SR}	×	×	×	×	×	D_{SR}	Q_0	Q_1	Q_2
左移	↑	1	1	0	×	D_{SL}	×	×	×	×	Q_1	Q_2	Q_3	D_{SL}
保持	↑	1	0	0	×	×	×	×	×	×	Q_0^n	Q_1^n	Q_2^n	Q_3^n
保持	↓	1	×	×	×	×	×	×	×	×	Q_0^n	Q_1^n	Q_2^n	Q_3^n

　　移位寄存器应用得很广，可构成移位寄存器型计数器、顺序脉冲发生器、串行累加器，

可用作数据转换，即把串行数据转换为并行数据，或把并行数据转换为串行数据等。本实训研究移位寄存器用作环形计数器和数据的串、并行转换。

1）环形计数器

把移位寄存器的输出反馈到它的串行输入端，就可以进行循环移位，如图 5.36 所示，把输出端 Q_3 和右移串行输入端 S_R 相连接，设初始状态 $Q_0Q_1Q_2Q_3 = 1000$，则在时钟脉冲的作用下，$Q_0Q_1Q_2Q_3$ 将依次变为 0100→0010→0001→1000→……，如表 5.21 所示，可见它是一个具有 4 个有效状态的计数器，这种类型的计数器通常称为环形计数器。图 5.36 所示的电路可以由各个输出端输出在时间上有先后顺序的脉冲，因此也可作为顺序脉冲发生器。如果将输出 Q_0 与左移串行输入端 S_L 相连接，即可实现左移循环移位。

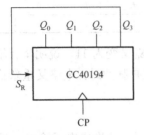

图 5.36　环形计数器

表 5.21　环形计数器状态表

CP	Q_0	Q_1	Q_2	Q_3
0	1	0	0	0
1	0	1	0	0
2	0	0	1	0
3	0	0	0	1

2）实现数据串、并行转换

（1）串行/并行转换器。

串行/并行转换是指串行输入的数码，经转换电路之后转换成并行输出。图 5.37 所示为用两片 CC40194（74LS194）4 位双向移位寄存器组成的 7 位串行/并行转换器。

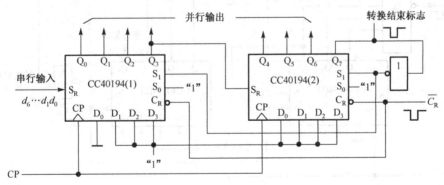

图 5.37　7 位串行/并行转换器

电路中 S_0 端接高电平 1，S_1 受 Q_7 的控制，两片寄存器连接成串行输入右移工作模式。Q_7 是转换结束标志。当 $Q_7 = 1$ 时，$S_1=0$，使之成为 $S_1S_0 = 01$ 的串入右移工作方式；当 $Q_7 = 0$ 时，$S_1 = 1$，有 $S_1S_0 = 10$，则串行送数结束，标志着串行输入的数据已被转换成并行输出了。

串行/并行转换的具体过程如下。

转换前，$\overline{C}_R$ 端加低电平，使(1)、(2)两片寄存器的内容清 0，此时 $S_1S_0 = 11$，寄存器执行并行输入工作方式。当第一个 CP 脉冲到来时，寄存器的输出状态 $Q_0 \sim Q_7$ 为 01111111，与此同时 S_1S_0 变为 01，转换电路变为执行串入右移工作方式，串行输入数据由(1)片的 S_R 端加入。随着 CP 脉冲的依次加入，输出状态的变化如表 5.22 所示。

表5.22　输出状态表

CP	Q_0	Q_1	Q_2	Q_3	Q_4	Q_5	Q_6	Q_7	说明
0	0	0	0	0	0	0	0	0	清零
1	0	1	1	1	1	1	1	1	送数
2	d_0	0	1	1	1	1	1	1	
3	d_1	d_0	0	1	1	1	1	1	右
4	d_2	d_1	d_0	0	1	1	1	1	移
5	d_3	d_2	d_1	d_0	0	1	1	1	操 作
6	d_4	d_3	d_2	d_1	d_0	0	1	1	7
7	d_5	d_4	d_3	d_2	d_1	d_0	0	1	次
8	d_6	d_5	d_4	d_3	d_2	d_1	d_0	0	
9	0	1	1	1	1	1	1	1	送数

由表5.22可见，右移操作7次之后，Q_7变为0，S_1S_0又变为11，说明串行输入结束。这时，串行输入的数码已经转换成并行输出。当再来一个CP脉冲时，电路又重新执行一次并行输入，为第二组串行数码转换做好了准备。

（2）并行/串行转换器。

并行/串行转换器是指并行输入的数码经转换电路之后，转换成串行输出。图5.38所示为用两片CC40194（74LS194）组成的7位并行/串行转换电路，它比图5.37所示的电路多了两只与非门G_1和G_2，电路的工作方式同样为右移。

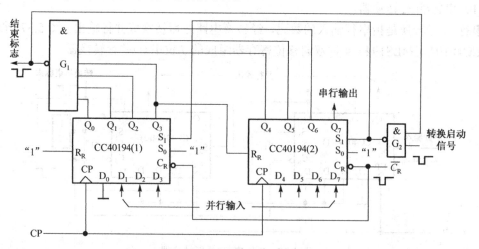

图5.38　7位并行/串行转换器

寄存器清"0"后，加一个转换启动信号（负脉冲或低电平）。此时，由于方式控制S_1S_0为11，转换电路执行并行输入操作。当第一个CP脉冲到来时，$Q_0Q_1Q_2Q_3Q_4Q_5Q_6Q_7$的状态为$D_0D_1D_2D_3D_4D_5D_6D_7$，并行输入数码存入寄存器，从而使得G_1输出1，G_2输出0，结果S_1S_2变为01，转换电路随着CP脉冲的加入，开始执行右移串行输出，随着CP脉冲的依次加入，输出状态依次右移，待右移操作7次后，$Q_0 \sim Q_6$的状态都为高电平1，与非门G_1的输出为低电平，G_2的输出为高电平，S_1S_2又变为11，表示并行/串行转换结束，且为第二次并行输入创造了条件。转换过程表如表5.23所示。

表 5.23　转换过程表

CP	Q_0	Q_1	Q_2	Q_3	Q_4	Q_5	Q_6	Q_7	串行输出
0	0	0	0	0	0	0	0	0	
1	0	D_1	D_2	D_3	D_4	D_5	D_6	D_7	
2	1	0	D_1	D_2	D_3	D_4	D_5	D_6	D_7
3	1	1	0	D_1	D_2	D_3	D_4	D_5	D_6　D_7
4	1	1	1	0	D_1	D_2	D_3	D_4	D_5　D_6　D_7
5	1	1	1	1	0	D_1	D_2	D_3	D_4　D_5　D_6　D_7
6	1	1	1	1	1	0	D_1	D_2	D_3　D_4　D_5　D_6　D_7
7	1	1	1	1	1	1	0	D_1	D_2　D_3　D_4　D_5　D_6　D_7
8	1	1	1	1	1	1	1	0	D_1　D_2　D_3　D_4　D_5　D_6　D_7
9	0	D_1	D_2	D_3	D_4	D_5	D_6	D_7	

中规模集成移位寄存器的位数往往以 4 位居多，当需要的位数多于 4 位时，可将几片移位寄存器级联，来扩展位数。

5.7.3　实训设备

序　号	名　　称	型号与规格	数　量
1	数字电路实验箱	THD—2	1
2	双踪示波器	DS1102E	1

5.7.4　实训内容

1. 测试 CC40194（或 74LS194）的逻辑功能

按图 5.35 所示接线，$\bar{C}_R$、S_1、S_0、S_L、S_R、D_0、D_1、D_2、D_3 分别接逻辑开关，Q_0、Q_1、Q_2、Q_3 接逻辑电平显示，CP 端接单次脉冲源。按表 5.24 所规定的输入状态，逐项进行测试。

表 5.24　测试 CC40194 逻辑功能

清　除	模　　式		时　钟	串　　行		输　　入	输　　出	功能总结
$\bar{C}_R$	S_1	S_0	CP	S_L	S_R	D_0 D_1 D_2 D_3	Q_0 Q_1 Q_2 Q_3	
0	×	×	×	×	×	× × × ×		
1	1	1	↑	×	×	a b c d		
1	0	1	↑	×	0	× × × ×		
1	0	1	↑	×	1	× × × ×		
1	0	1	↑	×	0	× × × ×		
1	0	1	↑	×	0	× × × ×		
1	1	0	↑	1	×	× × × ×		
1	1	0	↑	1	×	× × × ×		
1	1	0	↑	1	×	× × × ×		
1	1	0	↑	1	×	× × × ×		
1	0	0	↑	×	×	× × × ×		

（1）清零：令 $\overline{C}_R = 0$，其他输入均为任意态，记录输出端状态。

（2）送数：令 $\overline{C}_R = S_1 = S_0 = 1$，送入任意 4 位二进制数，如 $D_0D_1D_2D_3 = abcd$，加 CP 脉冲，观察并记录输出端状态。

（3）右移：清零后，令 $\overline{C}_R = 1$，$S_1 = 0$，$S_0 = 1$，由 CP 端逐个加入脉冲，由右移输入端 S_R 依次送入二进制数码如 0100，观察并记录输出端的状态。

（4）左移：令 $\overline{C}_R = 1$，$S_1 = 1$，$S_0 = 0$，由 CP 端逐个加入脉冲，由左移输入端 S_L 依次送入二进制数码如 1111，观察并记录输出端的状态。

（5）保持：寄存器预置任意 4 位二进制数码 $abcd$，令 $\overline{C}_R = 1$，$S_1 = S_0 = 0$，加 CP 脉冲，观察并记录输出端状态。

2．环形计数器

按图 5.36 所示连线，用并行送数法预置寄存器为某二进制数码（如 0100），然后进行右移循环，观察寄存器输出端状态的变化，填入表 5.25 中。

表 5.25　环形计数器

CP	Q_0	Q_1	Q_2	Q_3
0	0	1	0	0
1				
2				
3				
4				

3．利用移位寄存器分别实现下列两种彩灯图案

（1）暗带移动 0111→1011→1101→1110→0111。

（2）逐次点亮、逐次熄灭 0000→1000→1100→1110→1111→0111→0011→0001→0000。
要求写出设计过程，画出完整的电路并验证。

*4．实现数据的串、并行转换

（1）串行输入、并行输出

按图 5.37 所示接线，进行右移串入、并出测试，串入数码自定。改接线路用左移方式实现并行输出。自拟表格，并做记录。

（2）并行输入、串行输出

按图 5.38 所示接线，进行右移并入、串出测试，并入数码自定。改接线路用左移方式实现串行输出。自拟表格，并做记录。

5.7.5　实训注意事项

1．在测试 CC40194 逻辑功能时，应注意每给集成电路一个脉冲，就应观察一次输出情况。

2．在连接环形计数器电路时，应注意 S_R、S_L 不能接逻辑电平开关。

5.7.6　实训报告

1．整理数据，分析测试结果。

2．总结移位寄存器 CC40194 的逻辑功能。

5.8　555 时基电路及其应用

5.8.1　实训目的

1. 熟悉 555 时基电路的结构、工作原理及其特点；
2. 掌握 555 时基电路的基本应用。

5.8.2　实训原理

集成时基电路又称为集成定时器或 555 电路，是一种数模混合的中规模集成电路，它结构简单、性能可靠，在工业控制、定时、检测、报警等方面的应用十分广泛。它是一种可产生时间延迟和多种脉冲信号的电路，因内部电压标准使用了三个 5kΩ 电阻，故取名 555 电路。其电路类型有双极型和 CMOS 型两大类，二者的结构与工作原理类似。几乎所有双极型产品的型号的最后 3 位数码都是 555 或 556；所有 CMOS 产品的型号的最后 4 位数码都是 7555 或 7556，二者的逻辑功能和引脚排列完全相同，易于互换。通常双极型定时器有较大的驱动能力，而 CMOS 型定时器具有低功耗、输入阻抗高等优点。555 和 7555 是单定时器，556 和 7556 是双定时器。双极型的电源电压 V_{CC} 为+5～+15V，输出的最大电流可达 200mA，CMOS 型的电源电压为+3～+18V。

555 时基电路只要外接很少的阻容元器件从而构成充放电电路，就能很方便地构成从微秒到数十分钟的延时电路，构成单稳态触发器、多谐振荡器、施密特触发器等脉冲产生或波形变换电路。它的引脚排列图如图 5.39 所示，$\overline{R}_D$ 是复位端，当 $\overline{R}_D = 0$ 时，555 输出低电平，平时 $\overline{R}_D$ 开路或接 V_{CC}。值得注意的是，第 5 脚为外接控制电压端，直接控制 555 内部两个比较器的参考电压值，不用时，可通过一高频旁路电容接地，使 555 内部两个比较器的参考电压不受干扰。

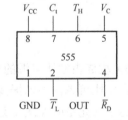

图 5.39　555 定时器引脚排列图

1）构成单稳态触发器

单稳态触发器的主要用途是对脉冲波形进行整形、延时、定时等。图 5.40(a)所示为用 555 定时器和外接定时元器件 R、C 构成的单稳态触发器，主要测试点波形如图 5.40(b)所示。

暂稳态的持续时间 t_w（延时时间）取决于外接元器件 R、C 值的大小。由于 $t_w = 1.1RC$，通过改变 R、C 的大小，可使延时时间在几微秒到几十分钟之间变化。当这种单稳态电路作为计时器时，可直接驱动小型继电器，并可以使用复位端（4 脚）接地的方法来中止暂态，重新计时。此外，须用一个续流二极管与继电器线圈并接，以防继电器线圈反电势损坏内部功率管。

2）构成多谐振荡器

用 555 定时器和外接元器件 R_1、R_2、C_1 构成的多谐振荡器如图 5.41(a)所示，电路没有稳态，仅存在两个暂稳态，电路亦无须外加触发信号，利用电源通过 R_1、R_2 向 C_1 充电，以及 C_1 通过 R_2 向放电端 C_t 放电，可使电路产生振荡，其主要测试点波形如图 5.41(b)所示。输出信号的时间参数是 $T = t_{w1}+t_{w2}$，$t_{w1} = 0.7(R_1+R_2)C$，$t_{w2} = 0.7R_2C$。

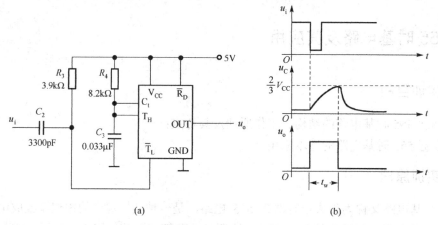

图 5.40　单稳态触发器及波形

555 时基电路要求 R_1 与 R_2 均应大于或等于 1kΩ，但 R_1+R_2 应小于或等于 3.3MΩ。外部元器件的稳定性决定了多谐振荡器的稳定性，555 定时器配以少量的元器件即可获得较高精度的振荡频率和具有较强的功率输出能力，因此这种形式的多谐振荡器应用得很广。

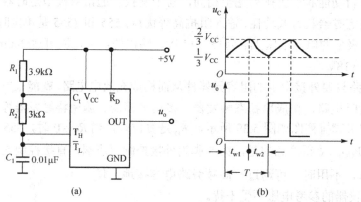

图 5.41　多谐振荡器及波形

3）构成占空比可调的多谐振荡器

占空比可调的多谐振荡器如图 5.42 所示，VD_1、VD_2 用来决定电容充、放电电流流经电阻的途径（充电时 VD_1 导通，VD_2 截止；放电时 VD_2 导通，VD_1 截止）。

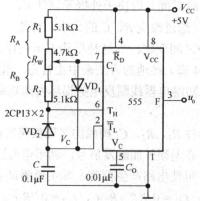

图 5.42　占空比可调的多谐振荡器

占空比 $P = \dfrac{t_{w1}}{t_{w1} + t_{w2}} \approx \dfrac{0.7R_A C}{0.7C(R_A + R_B)} = \dfrac{R_A}{R_A + R_B}$ ，可见，若取 $R_A = R_B$，则电路可输出占

空比为 50%的方波信号。

4）构成施密特触发器

只要将 2 脚、6 脚连在一起作为信号输入端，即可得到施密特触发器，电路如图 5.43 所示。

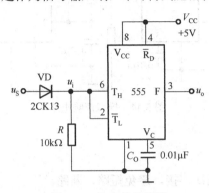

图 5.43 施密特触发器

5.8.3 实训设备

序 号	名 称	型号与规格	数 量
1	数字电路实验箱	THD—2	1
2	双踪示波器	DS1102E	1

5.8.4 实训内容

1．多谐振荡器

（1）按图 5.41 所示接线，用双踪示波器观测 u_C 与 u_o 的波形，测定幅度和频率。

（2）按图 5.42 所示接线，组成占空比为 50%的方波信号发生器。观测 u_C、u_o 波形，测定波形参数。

2．单稳态触发器

（1）按图 5.40 所示连线，输入信号 u_i 由 1kHz 的连续脉冲源提供，用双踪示波器观测 u_i、u_C、u_o 波形，测定幅度与暂稳时间。

（2）将 R_4 改为 1kΩ，在输入端加 1kHz 的连续脉冲，用双踪示波器观测 u_i、u_C、u_o 的波形，测定幅度及暂稳时间。

3．施密特触发器

按图 5.43 所示接线，输入信号由音频信号源提供，预先调好 u_S 的频率为 1kHz，接通电源，逐渐加大 u_S 的幅度，观测输出波形，测绘电压传输特性，算出回差电压 ΔU。

*4．模拟声响电路

按图 5.44 所示接线，组成两个多谐振荡器，调节定时元器件，使 I 输出较低频率，II 输出较高频率，连好线并接通电源，试听音响效果。调换外接阻容元器件，再试听音响效果。

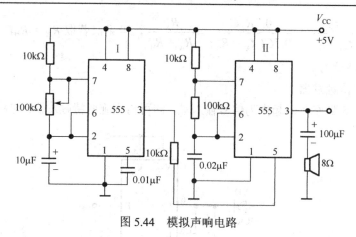

图 5.44　模拟声响电路

5.8.5　实训注意事项

连接电路时应按照顺序依次连接，避免短路、断路。

5.8.6　实训报告

1. 整理数据，定量绘出观测到的波形。
2. 分析、总结测量结果。

第6章　电子电路设计实训

电子电路设计是电子技术教学过程中重要的一环，通过电子电路的设计，除了可使学生的设计思想、设计技能、调试技能得到训练之外，还可以提高学生的自学能力及运用基础理论去解决工程实际问题的能力，开发学生的创新精神，提高学生的综合素质，以适应当前社会对人才的需求。本章除介绍电子电路设计的一般方法外，还采用项目式驱动实践教学，通过给定具体任务和要求，让学生完成系统的整体原理框图、各单元电路的设计，以及电路参数的计算及系统的安装和调试，从而达到实训的目的。

● **实训目标**

（1）了解电子电路设计的一般方法；
（2）掌握电子电路设计中涉及的相关模拟电子技术和数字电子技术知识；
（3）掌握电子电路仿真软件的使用；
（4）熟练掌握电子电路的安装与调试技术；
（5）正确使用常用的电子仪器设备。

● **实训要求**

实训项目	相关知识及能力要求	实训学时
电子电路基本设计方法	（1）了解模拟电子系统和数字电子系统的设计方法 （2）掌握电子电路仿真软件的使用 （3）掌握印制板电路的布线、焊接、组装与调试	1～2周
功率放大器设计	（1）了解功率放大器的作用 （2）掌握OCL功率放大器的基本结构	1～2周
函数发生器设计	（1）掌握µA741的工作原理 （2）掌握函数发生器的设计方法与测试技术	1～2周
直流稳压电源设计	（1）理解直流稳压电源的基本结构和工作原理 （2）掌握直流稳压电源各单元电路的设计方法	1～2周
竞赛30s定时器设计	（1）理解555定时器的工作原理 （2）掌握计数器的工作原理	1～2周
多路智力竞赛抢答器设计	（1）掌握编码器的工作原理 （2）掌握锁存器的工作原理	1～2周
简易数字钟设计	（1）掌握译码器、七段数码管的工作原理 （2）掌握计数器的工作原理	1～2周
物体流量计数器设计	（1）掌握红外发射/接收二极管的工作原理 （2）掌握计数器的工作原理	1～2周
电子幸运转盘设计	（1）掌握555产生脉冲信号的原理 （2）掌握计数器的工作原理	1～2周
电子电路设计实训任务（自选）	（1）能结合自身掌握的电子技术知识熟练地查阅相关技术资料，并绘制正确的电路原理图 （2）能使用电子电路仿真软件对原理图进行仿真 （3）能完成印制板电路的布线、焊接、组装与调试	1～2周

6.1　电子电路基本设计方法

电子系统是指由一组电子元器件或基本电子单元电路相互连接、相互作用而组成的电路整体，它能按特定的控制信号执行所设定的功能。按处理信号的不同，电子系统一般可分为模拟电子系统、数字电子系统和数字模拟混合系统。

所谓电子电路的设计，主要包括：满足性能指标要求的总体方案的选择、各部分电路的设计、参数值的计算、元器件的选择、电路的调试，以及参数的修改、调整等环节。

检验衡量设计的具体标准准则是：工作稳定可靠，能达到所要求的设计指标；且电路简单，成本低，并便于测试和维修等。这是各类电子产品和各种应用电路在研制过程中必不可少的设计过程。因此，电子电路设计在电子工程应用领域里占有很重要的地位。其设计质量的好坏不仅直接影响产品或电路性能的优劣，还对研制成果的经济效益起着举足轻重的作用。

在电子技术实训的教学过程中，应重基础、重设计、重创新，通过电子电路的设计，除可使学生受到设计思想、设计技能、调试技能与研究技能的训练之外，还可以提高学生的自学能力及运用基础理论解决工程实际问题的能力，开发学生的创新精神，提高学生的综合素质，以适应社会对人才的需求。

6.1.1　模拟电子电路的设计方法

由于模拟电子系统种类繁多、千差万别，因此设计一个模拟电子系统的方法和步骤也不尽相同。对于要设计的实际电子系统，一般首先根据电子系统的设计任务，进行总体方案选择；然后设计组成系统的单元电路、计算参数、元器件的确定和实验调试（包括修改电路、性能测试等）；最后绘出总体电路图。

1. 总体方案的确定

在全面分析电子系统任务书所下达的任务、技术指标后，根据已掌握的知识和资料，将总体系统按功能合理地分解成若干单元电路，再将各单元电路框图相互连接从而构成一个整体，来实现系统的各项性能指标。电子系统总体设计方案往往不止一个，而方案的选择将直接决定电子系统设计的质量。因此，在进行总体方案设计时，要充分查阅有关资料，以开阔思路，利用掌握的知识提出几种不同的可行性方案。最后从性能的稳定性、工作的可靠性、电路结构、成本、功耗、调试维修等方面，选出最佳方案。

2. 单元电路设计

在确定了总体方案、画出框图后，便可以进行单元电路的设计了。在进行单元电路设计时，必须明确对各单元电路的具体要求，详细拟定单元电路的性能指标，认真考虑各单元之间的相互联系，注意前后级单元之间信号的传递方式和匹配，尽量少用或不用电平转换之类的接口电路，并应使各单元电路的供电电源尽可能统一，以便使整个电子系统简单可靠。另外，应尽量选择现有的、成熟的电路来实现单元电路的功能。如果找不到完全满足要求的现成电路，则在与设计要求比较接近的电路基础上适当改进，或自己进行创造性设计。为使电子系统的体积小、可靠性高，单元电路应尽可能用集成电路组成。

3．参数计算

在进行电子系统设计时，应根据电路的性能指标要求决定电路元器件的参数。例如，根据电压放大倍数的大小，可决定反馈电阻的取值；根据振荡器要求的振荡频率，利用公式可算出决定振荡频率的电阻和电容值等。但一般满足电路性能指标要求的理论参数值不是唯一的，设计者应根据元器件的性能、价格、体积、通用型和货源等进行灵活选择。一般情况下，计算电路参数时应注意以下几点。

（1）各元器件的工作电流、电压和功率等参数都应在允许的范围内，并适当地留有余量，以保证在工作条件最不利的情况下也能正常工作。

（2）对于元器件的极限参数必须留有足够的余量，一般取额定值的 1.5～2 倍。

（3）对于电阻、电容参数的取值，应选计算值附近的标称值。电阻值一般在 1MΩ 内选择，非电解电容一般在 100pF～0.1μF 之间选择。

（4）在保证电路达到性能指标要求的前提下，尽量减少元器件的品种、价格、体积和功耗，以最大限度地降低成本。

4．元器件选择

在确定元器件时，应全面考虑电路处理信号的处理范围、环境温度、空间大小、成本高低等诸多因素。

（1）一般优先选择集成电路。集成电路体积小、功能强，可提高电子电路的可靠性，安装调试方便，并可大大简化电子电路的设计。随着模拟集成电路技术的不断发展，使用于各种场合下的集成运算放大器不断涌现，只要外加少量的元器件，利用运算放大器就可构成性能良好的放大器。同样，目前在进行直流稳压电源设计时，已经很少采用分立元器件进行设计了，取而代之的是性能更稳定、工作更可靠、成本更低廉的集成稳压器。

（2）正确选择电阻器和电容器。这是两种常见的元器件，其种类很多，性能相差很大，应用的场合也不同。因此，对于设计者来说，应熟悉各种电阻器和电容器的主要性能指标与特点，以便根据电路要求对元器件做出正确选择。

（3）选择分立半导体元器件。首先要熟悉这些元器件的性能，掌握它们的应用范围；再根据电路的功能要求和元器件在电路中的工作条件，如通过的最大电流、最大反向工作电压、最高工作频率、最大消耗的功率等，确定元器件的型号。

5．计算机仿真

随着计算机技术的飞速发展，电子系统的设计方法发生了很大变化。目前，EDA（Electronic Design Automation，电子设计自动化）技术已成为现代电子系统设计的必要因素。在计算机平台上，利用 EDA 软件可对各种电子电路进行调试、测量、修改，这样可大大提高电子设计的效率和精确度，同时可节约设计费用。

6．调试

电子设计要考虑的因素和问题相当多，由于电路在计算机上进行模拟时所采用的元器件的参数和模型与实际器件有差别，因此对于经计算机仿真过的电路，还要进行实际调试，通过调试才可以发现问题、解决问题。若性能指标达不到要求，则应深入分析问题出在哪些单元或元器件上，再对它们重新进行设计和选择，直到性能完全满足要求为止。

7．总体电路图绘制

总体电路图是在总框图、单元电路设计、参数计算和元器件选择的基础上绘制的，它是组装、调试、印制电路板设计和维修的依据。目前一般利用绘图软件绘制总体电路图，在绘制总体电路图时要注意以下几点。

（1）总体电路图尽可能画在一张图上，同时注意信号的流向，一般从输入端或信号源画起，由左至右或由上至下按信号的流向依次画出各单元电路。对于电路图比较复杂的，应将主电路图画在一张或数张纸上，并把各图所有端口的两端注上标号，依次说明各图纸之间的连线关系。

（2）注意总体电路图的紧凑和协调，要求布局合理，排列均匀。图中元器件的符号应标准化，元器件符号旁边应标出型号和参数。集成电路通常用方框表示，在方框内标出它的型号，在方框的两侧标出每根连线的功能和引脚号。

（3）连线一般画成水平线或垂直线，并尽可能减少交叉和拐弯。对于相互交叉的线，应在交叉处用圆点标出。有的连线可用符号表示，例如地线常用 L 表示。单电源供电一般只要标出正电压的数值就可以了，如果用双电源供电，则必须标出正、负电压的数值才行。

6.1.2　数字电子电路的设计方法

数字系统的规模差异很大，对于比较小的数字系统，可采用所谓的经典设计，即根据设计任务要求，用真值表、状态表求出简化的逻辑表达式，画出逻辑图、逻辑电路图，最后用小规模电路实现。随着大、中规模集成电路的发展，实现比较复杂的数字系统变得更加方便，且便于调试、生产和维护，其设计方法也更加灵活。例如，目前已经普及的 ISP（In-System Programmability，在系统可编程）逻辑器件的出现，给数字系统设计带来了革命性的变化，硬件变得像软件一样易于修改。如要改变一个设计方案，通过设计工具软件在计算机中经过数分钟即可完成。这不仅扩展了器件的用途，缩短了系统的设计周期，而且还省去了对器件单独编程的环节，节约了器件编程设备。

1．系统功能要求分析

数字电路系统一般包括输入电路、控制电路、输出电路、被控电路和电源等。数字系统设计中首先要做的是明确系统的任务、技术性能、精度指标、输入/输出设备、应用环境及有哪些特殊要求等。设计者有时接到的课题比较笼统，有些技术问题要靠设计者的分析和理解，特别是要和课题提出者、系统使用者反复磋商，并在应用现场进行实地考察以后才能明确地定下来。

2．总体方案确定

明确了系统性能以后，应考虑如何实现这些技术功能，即采用哪些电路来完成它。对于比较简单的系统，可采用中、小规模集成电路实现；对于输入逻辑变量比较多、逻辑表达式比较复杂的系统，可采用大规模可编程逻辑器件完成；对于需要完成复杂的算术运算，进行多路数据采集、处理及控制的系统，可采用单片机系统实现。目前处理复杂数字系统的最佳方案是大规模可编程逻辑器件，如单片机，这样可以大大节约设计成本，提高可靠性。

3．逻辑功能划分

任何一个复杂的大系统都可以被逐步划分成不同层次的较小的子系统。一般先将系统划分为信息处理和控制电路两部分，然后根据信息处理电路的功能要求将其分成若干功能模块。控制电路是整个数字系统的核心，它根据外部输入信号及来自受其控制的信息处理电路的状态信号，产生受控电路的控制信号。常用的控制电路有三种：移位型控制器、计数型控制器和微处理控制器。一般根据完成控制的复杂程度，可灵活选择控制器的类型。

4．单元电路设计

全面分析各模块的功能类型，选择合适的元器件并设计电路。组合逻辑电路的设计步骤如图 6.1 所示，时序逻辑电路的设计步骤如图 6.2 所示。在设计电路时，应充分考虑能否用 ASIC（Application Specific Integrated Circuit，专用集成电路）器件实现某些逻辑单元电路，这样可大大简化逻辑设计，提高系统的可靠性并减小 PCB 的体积。

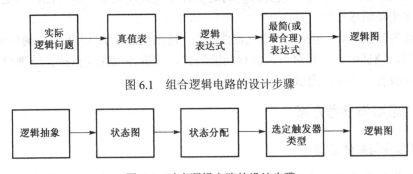

图 6.1　组合逻辑电路的设计步骤

图 6.2　时序逻辑电路的设计步骤

5．系统电路综合

在各单元模块和控制电路达到预期要求以后，可把各部分连接起来，构成整个电路系统，并对系统进行功能测试。测试主要包含三部分的工作：系统故障诊断与排除、系统功能测试、系统性能指标测试。若这三部分的测试中有某部分不符合要求，则必须修改电路设计。

6．设计文件的撰写

在整个系统调试成功后，应整理出如下的设计文件：完整的电路原理图、详细的程序清单、所用的元器件清单、功能与性能测试结果及使用说明书。

6.2　功率放大器设计

功率放大器简称"功放"，是指在给定失真率的条件下，能产生最大功率输出以驱动某一负载 R_L（如扬声器）的放大器。当负载一定时，希望输出的功率尽可能大，输出信号的非线性失真尽可能小，效率尽可能高。功率放大器的常见电路形式有 OTL（Output Transformer Less Amplifier，无输出变压器的功率放大器）电路和 OCL（Output Capacitor Less Amplifier，无输出电容直接耦合的功率放大器）电路。有用集成运算放大器和晶体管组成的功率放大器，也有专用集成电路功率放大器。本次实训采用分立元器件设计一种 OCL 功率放大器。

6.2.1　实训任务与要求

1．实训任务

设计一个功率放大器，其等效负载阻抗 R_L 为 8Ω，当输入信号为正弦信号时，要求功率放大器具有下列主要技术指标：

（1）额定输出功率 $P_o = 1W$；

（2）频率响应10Hz～20kHz；

（3）输入电压 $U_i \leqslant 100mV$；

（4）在要求的输出功率和带宽的条件下，非线性失真系数<3%。

2．实训要求

（1）分析设计任务，参考有关资料，制定设计方案并反复修改和对比，确定一种最佳设计方案，画出电路组成框图；

（2）设计各部分的单元电路，计算元器件参数，选定元器件型号和数量，提供元器件清单；

（3）安装、调试电路，并对电路进行功能测试，分析各项性能指标，整理设计文件，写出完整的实训报告，并提供测试仪器清单。

6.2.2　设计思路与参考方案

1．电路选择与整体框图

功率放大器的基本任务是放大信号的功率，所以其主要的技术指标是输出功率、效率和非线性失真，其组成框图如图 6.3 所示。为保证电路在以上三个指标方面满足要求，选择电路的组成形式是十分重要的。由于甲类功放的效率较低，因此当采用变压器耦合的功率放大器时，它的高频和低频部分的频率响应特征不好，在引入负反馈时容易产生自激，这种电路通常应用于高频小信号谐振放大器，不适用于低频大信号的放大。如果采用无输出变压器的功率放大器（OTL），无论是采用单电源还是双电源供电，其输出端均需接一个大电容，这个大容量的电容严重影响了电路的低频特性。要进一步改善放大器的低频特性，往往采用 OCL电路，这种电路取消了输出电容，使用双电源供电。为提高电路总的效率，往往采用图 6.4 所示的输入级为差动电路的 OCL 电路，该电路引入了交、直流负反馈，可大大改善低频响应并提高电路总的效率。

图 6.3　功率放大器的组成框图

2．参考电路及其工作原理

1）电路组成

OCL 功率放大电路如图 6.4 所示，电路分为输入级、推动级和输出级三部分：输入级由

VT_1、VT_2、R_{b1}、R_{b2}、R_1、R_2、R_3、R_{p3} 组成，其作用是抑制零点漂移和温度漂移，并使静态时的输出电压 $V_o \approx 0$，从而保证电路稳定、可靠地工作；R_{p2} 的作用是调整交流负反馈，R_{p3} 的作用是调整 VT_1、VT_2 的静态工作点，R_{p1} 的作用是使 $VT_4 \sim VT_7$ 处于微导通（即使 $VT_4 \sim VT_7$ 工作于甲乙类状态）。

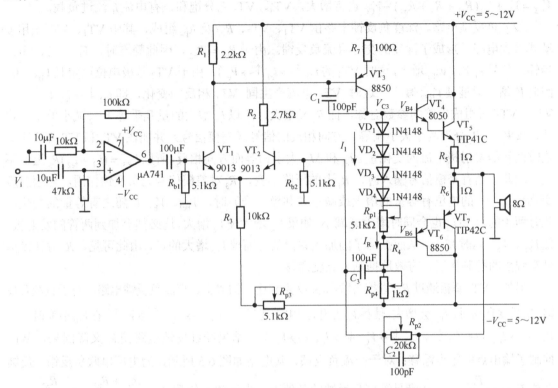

图 6.4　OCL 功率放大电路

推动级由 VT_3、R_7、$VD_1 \sim VD_4$、R_{p1}、R_4 及 R_{p4} 组成，它的任务是为输出级提供足够的驱动电流，并使 $VT_4 \sim VT_7$ 处于甲乙类状态。

输出级由 $VT_4 \sim VT_7$、R_5 和 R_6 组成，其任务是向负载提供信号功率。它由互补对称电路组成，其中 VT_4 和 VT_5 组成 NPN 型复合管，VT_6 和 VT_7 组成 PNP 型复合管。

2）工作原理

（1）推动级、输出级电路。由图 6.4 可知，VT_3 为 PNP 管，电路采用共发射极接法。当 VT_3 基极交流信号为正半周时，VT_3 的基-射极之间总的电压减小，其集电极 i_{C3} 减小，VT_3 趋于截止，此时，$V_{C3} = V_D + I_1(R_{p1} + R_4 + R_{p4}) - V_{CC}$（其中 V_D 是 $VD_1 \sim VD_4$ 的正向导通压降，其将减小，导致 V_{B6} 减小，使得 VT_6、VT_7 导通，负载中有电流 i_L 流过；当 VT_6、VT_7 处于导通状态时，VT_3、VT_4、VT_5 截止，由于 $I_R = i_{b6} + I_1 \approx i_{b6}$（此时 $I_1 \approx 0$）将增大，使得 R_4 及 R_{p4} 上产生压降，使得 V_{B6} 增大，因此 VT_6 不能充分导通，影响输出级的动态范围（$V_{B6} = I_R(R_4 + R_{p4}) - V_{CC}$，$I_R \approx i_{b6}$）。解决这一问题的方法是在电路中加一个自举电容 C_3，其容量应足够大（几十微法），而且 $R_4 \gg R_{p4}$。静态时 $V_A \approx 0$，电容 C_3 被充电，V_{C3} 为负值，当 $V_{B6} = i_R R_4 - V_{C2}$ 也为负值且 V_{BE3} 为交流信号正半周到来时，因 C_3 两端的电压不能跃变，故

$V_{B6} = i_R R_4 - V_{C3}$ 也跟着下降（v_{BE3} 正半周信号到来时，因 VT$_3$ 趋于截止，故 $i_{C3} \approx 0$，这样 i_R 亦趋近于零），这就保证了 VT$_6$ 充分导通且趋于饱和，使 VT$_6$ 有足够的基极电流，从而扩大了输出级的动态范围。

当 VT$_3$ 基极交流电压负半周到来时，VT$_3$ 集电极电流 i_{C3} 增大，VT$_3$ 趋于饱和，则 $V_{C3} = V_D + i_{C3}(R_{p1} + R_4 + R_{p4}) - V_{CC}$ 也将增大，VT$_4$、VT$_5$ 充分饱和，有电流 i_L 流过负载。

（2）负反馈电路。深度负反馈电路由 VT$_1$、VT$_2$、R_{b2} 及 R_{p2} 组成，其中 VT$_1$、VT$_2$ 采用差动式放大电路，形成了深度的交、直流负反馈。由于 $R_{b1} = R_{b2}$，因此静态时，$V_{B1} = V_{B2} = 0$。当输入信号 V_{i1} 时，v_{BE1} 增大，这时 VT$_1$ 的 $i_{b1} \uparrow \rightarrow i_{e1} \uparrow \rightarrow V_e \uparrow$。由于 VT$_2$ 基极电位已定且 $V_{B2} = 0$，因此 V_e 增大只能使 V_{BE2} 减小，这时 VT$_2$ 电流产生同 VT$_1$ 相反的变化，即 $i_{b2} \downarrow \rightarrow i_{e2} \downarrow$。因为 VT$_1$、VT$_2$ 所组成电路的参数对称，而 R_3 又很大，所以 i_{e1} 增大的量几乎等于 i_{e2} 减小的量，也就是说 V_{i1} 被 R_3 分为两个大小相等、方向相反的信号（差模信号）并加在 VT$_1$ 和 VT$_2$ 的基极。这时两管的发射极电流的变化量 ΔI_{e1} 和 ΔI_{e2} 大小相等而方向相反，所以 $V_{R3} = (i_{e1} + i_{e2})R_3$ 近似不变。因此，当有差模信号输入时，R_3 上的压降不变，R_3 对差模信号无负反馈作用。当因温度变化使 b$_1$、b$_2$ 的电位有等量的增大或减小（共模信号）时，V_{be1}、V_{be2} 也随之有等量的变化，此时两管的 i_{e1} 和 i_{e2} 也会同时增大或减小。如果 V_{be} 增大使 V_e 增大，这必然会加到两管的发射极，使 V_{be1}、V_{be2} 同时减小，从而抵消了因加入共模信号而使 V_{be} 增大的量，由此可见，R_3 对共模信号有强烈的抑制作用，有效地抑制了温度漂移。

另外，VT$_2$ 基极通过 R_{p2} 直接与输出端 O 点相连，构成交、直流负反馈电路。对于直流负反馈，当温度升高时，I_{E5} 会增大，使得 V_o 上升，产生下述过程：$V_o \uparrow \rightarrow V_{be2} \uparrow \rightarrow V_e \uparrow$（在 V_{B1} 不变时）$\rightarrow$ $V_{be1} \downarrow \rightarrow I_{C1} \downarrow \rightarrow V_{C1} \uparrow \rightarrow I_{C3} \downarrow \rightarrow V_{C3} \downarrow \rightarrow I_{C5} \downarrow \rightarrow V_o \downarrow$，结果经过反馈电路使 V_o 又降回来，从而抑制了输出点的零点漂移；对于交流负反馈，其电路如图 6.5 所示，为电压串联负反馈，反馈系数 $F_u = \dfrac{R_{b2}}{R_{b1} + R_{b2}}$，在满足深度负反馈的条件下，电压放大倍数 $A_u = \dfrac{R_{p2} + R_{b2}}{R_{b2}} = 1 + \dfrac{R_{p2}}{R_{b2}}$。

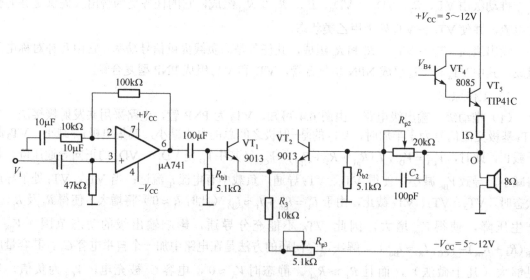

图 6.5　交流负反馈电路

（注：电压放大倍数指 $A_u = \dfrac{U_o}{U_{i1}}$，在输出信号最大不失真的条件下，$R_{p2} = 8.5\text{k}\Omega$，这样，$A_u = 1 + \dfrac{8.4}{5.1} \approx 2.65$。）

3. 参数计算与选择

1）确定电源电压

电源电压的高低决定着输出电压的大小，而输出电压又由输出功率决定，所以给定了输出功率，即可求出电源电压。

因为 $P_o = \dfrac{U_o^2}{R_L} = \dfrac{\left(\dfrac{1}{\sqrt{2}}U_{om}\right)^2}{R_L}$，所以输出电压的最大值 $U_{om} = \sqrt{2P_o R_L} = \sqrt{2 \times 1 \times 8} = 4\text{V}$。

当输出电压为最大值时，VT_5、VT_7 接近于饱和，考虑 VT_5、VT_7 的饱和压降及发射极电阻上的压降等因素，电源电压必须大于 U_{om}，它们之间的关系为 $U_{om} = \eta V_{CC}$，一般取 $\eta = 0.6 \sim 0.8$。

本设计中取 $\eta = 0.7$，这样，$V_{CC} - \dfrac{U_{om}}{\eta} = \dfrac{4}{0.7} = 5.7\text{V}$，取电压标准档级 $V_{CC} = 6\text{V}$，$-V_{CC} = -6\text{V}$。

2）计算大功率管 VT_5、VT_7

选取大功率管主要考虑三个参数，即晶体管 c-e 之间承受的最大反向电压 $U_{(BR)CEO}$、集电极最大电流 I_{CM} 和集电极最大功率损耗 P_{CM}。

（1）电源电压 V_{CC} 确定后，VT_5 和 VT_7 承受的最大电压为 $U_{CEmax} = 2V_{CC} = 2 \times 6 = 12\text{V}$。

（2）大功率管的饱和压降 $V_{CES} \leqslant 0.3\text{V}$，若忽略 VT_5、VT_7 的管压降，则每个管的最大集电极电流 $I_{C5max} = I_{C7max} = \dfrac{V_{CC}}{R_5 + R_L}$。

若 VT_5 和 VT_7 的射极电阻 R_5、R_6 选得过小，则复合管的稳定性差，若选得过大，则又会损耗较多的输出功率，一般取 $R_5 = R_6 = (0.05 \sim 0.1)R_L$；

已知 $R_L = 8\Omega$，取 $R_5 = R_6 = 0.1R_L = 0.1 \times 8 = 0.8\Omega$，选用标准电阻，取 $R_5 = R_6 = 1\Omega$，所以

$$I_{C5max} = I_{C7max} = \dfrac{V_{CC}}{R_L + R_5} = \dfrac{6}{8+1} \approx 0.66\text{A}。$$

（3）单管最大集电极功耗。当三极管 VT_5 和 VT_7 工作于推挽工作状态时，单管的最大集电极功率损耗 $P_{C5max} = P_{C7max} = 0.2P_{om}$。为了保证电路安全、可靠地工作，通常使电路的最大输出功率 P_{om} 比额定输出功率 P_o 大一些，一般取 $P_{om} = (1.5 \sim 2)P_o$，取 $P_{om} = 1.5P_o = 1 \times 1.5 = 1.5\text{W}$。

考虑功放管 VT_5、VT_7 工作于甲乙类状态，存在静态电流 I_o，实际管耗要大一些，一般 I_o 为 10～30mA，这里，取 $I_o = 20\text{mA}$，故每管的最大管耗为

$$P_{C5max} = P_{C7max} = 0.2P_{om} + I_o V_{CC} = 0.2 \times 1.5 + 20 \times 10^{-3} \times 6 = 0.42\text{W}$$

（4）根据功率管极限参数，选择 VT_5 和 VT_7。选择大功率管，其极限参数应满足 $U_{(BR)CEO5} = U_{(BR)CEO7} > U_{CE5max}$，$I_{CM5} = I_{CM7} > I_{C5max}$，$P_{CM5} = P_{CM7} > P_{C5max}$。由于互补对称电路要求二极管尽量对称，故选取 $\beta_5 = \beta_7$，以满足电路性能，三极管 VT_5、VT_7 选用硅管。这样得到三极管的极限参数为：$U_{(BR)CEO5} = U_{(BR)CEO7} = 12\text{V}$，$I_{CM5} = I_{CM7} = 1\text{A}$，$P_{CM5} = P_{CM7} = 1\text{W}$。

综上所述，选定 VT_5 的型号为 TIP41C，VT_7 的型号为 TIP42C，经测试其 $\beta_5 = \beta_7 = 110$。

（5）选择 VT_4、VT_6。由于 VT_4 和 VT_6 分别与 VT_5 和 VT_7 复合，因此它们承受的最大电压相同，均为 $2V_{CC}$，这样，$U_{(BR)CEO4} = U_{(BR)CEO6} = 12V$。在计算集电极最大电流和最大管耗时，若忽略 R_7、R_8 和 VT_5、VT_7 内部的损耗，取 $I_{C4max} = I_{C6max} = (1.1 \sim 1.5)\dfrac{I_{C5max}}{\beta_5}$，$P_{C4max} = P_{C6max} = (1.1 \sim 1.5)\dfrac{P_{C5max}}{\beta_5}$。在设计时，取 $I_{C4max} = I_{C6max} = (1.1 \sim 1.5)\dfrac{I_{C5max}}{\beta_5} = 1.5 \times \dfrac{0.66}{110} = 9mA$，$P_{C4max} = P_{C6max} = (1.1 \sim 1.5)\dfrac{P_{C5max}}{\beta_5} = 1.5 \times \dfrac{0.42}{110} \approx 5.7mW$。

选择 VT_4、VT_6，使其极限参数满足：$U_{(BR)CEO4} = U_{(BR)CEO6} = 12V$，$I_{CM4} = I_{CM6} = 100mA$，$P_{CM4} = P_{CM6} = 100mW$，选取 VT_4 为 3DG8050，VT_6 为 3DG8550，经测试其 $\beta_4 = \beta_6 = 210$。3DG8050 的 $P_{CM} = 1W$，$I_{CM} = 1A$，$U_{(BR)CEO} \geqslant 25V$，3DG8550 的 $P_{CM} = 1W$，$I_{CM} = -1A$，$U_{(BR)CEO} = -25V$。

3）估算推动级电路

推动级电路由 VT_3、$VD_1 \sim VD_4$、R_{p1}、R_4 及 R_{p4} 组成。

（1）确定 VT_3 的静态电流。由于 VT_3 接成共发射极电路，工作于甲类状态，因此为保证 VT_4、VT_6 有足够的推动电流，要求 $I_{C3} \geqslant 2 \cdot I_{B4} = 2 \times \dfrac{I_{C4max}}{\beta_4}$，则 $I_{C3} \geqslant 2 \times \dfrac{I_{C4max}}{\beta_4} = 2 \times \dfrac{9}{210} \approx 85.7\mu A$。

当 VT_5、VT_7 处于甲乙类状态时，VT_4、VT_6 实际上已经处于乙类状态，因此 $I_1 = (5 \sim 10)I_{B4}$，取 $I_1 = 5I_{B4} = 5 \times 85.7 = 0.4285mA$。

（2）确定 R_{p1}、R_4 及 R_{p4}。由于 $V_C = 0$，因此 $I_1 = \dfrac{V_C - (V_{D3} + V_{D4}) - (-6)}{R_{p1} + R_4 + R_{p4}} = \dfrac{0 - 0.6 - 0.6 + 6}{R_{p1} + R_4 + R_{p4}} \approx 0.4285mA$，得到 $R_{p1} + R_4 + R_{p4} = \dfrac{4.8}{0.4285} \approx 11.20k\Omega$。取标称电阻 $R_{p1} = 5.1k\Omega$，$R_4 = 6.8k\Omega$，$R_{p4} = 1.1k\Omega$。

4）估算输入级电路

（1）确定 VT_1、VT_2。由于 VT_1、VT_2 组成的差动放大电路对共模信号具有深度的电压串联负反馈作用，而差动放大电路为前置放大电路，一般的小功率管均能满足要求，因此 VT_1、VT_2 选 NPN 型管 3DG9013，其 $\beta = 150$。

（2）确定 R_{b1}、R_{b2}、R_3、R_{p2} 及 R_{p3}。由设计要求，$P_o = 1W$，则 $V_o = \sqrt{P_o R} = \sqrt{1 \times 8} \approx 2.8V$，当 VT_4、VT_5 的输入信号的有效值不超过 1V 时，功放输出不会产生失真，而 VT_1、VT_2 所组成的差动放大电路具有深度的电压串联负反馈，整个电路的电压放大系数 $A_u = 1 + \dfrac{R_{p2}}{R_{b2}} = \dfrac{U_o}{U_{i1}}$，这样，$A_u = \dfrac{2.828}{1} = 1 + \dfrac{R_{p2}}{R_{b2}} = 2.828$。

为了抑制零点漂移，R_{b1}、R_{b2} 的取值不应小于 $5.1k\Omega$，取 $R_{b1} = 5.1k\Omega$，则 $R_{p2} = 2.8 \times 5.1 = 14.28k\Omega$。为确保调整负反馈深度，取 $R_{p2} = 20k\Omega$。要使 U_{i1} 信号通过 R_3 产生大小相等、方向相反

的信号并加在 VT_1、VT_2 的基极，R_3 的阻值应足够大，取 $R_3 = 10k\Omega$，为将 VT_1、VT_2 静态工作点调至适当的位置，可引入 R_{p3} 加以调整，取 $R_{p3} = 5.1k\Omega$，由于静态时 VT_1、VT_2 基极的对地电位均为零，即 $V_A = V_B \approx 0$，因此，$I_{E1} = I_{E2} = \dfrac{1}{2} I_E = \dfrac{1}{2} \times \dfrac{-V_{BE1} - (-6)}{R_3 + R_{p3}} = \dfrac{-0.6 + 6}{2 \times (10 + 5.1)} \approx 0.179\text{mA}$，由于 VT_3 工作于甲类状态，因此 $V_{BE3} = 0.6V$，这样 $R_1 = \dfrac{V_{BE3}}{I_{E1}} = \dfrac{0.6}{0.179} \approx 3.35k\Omega$，取 $R_1 = 3k\Omega$，$R_2 = 3k\Omega$。

6.2.3　实训电路安装与调试

1．合理布局，分级装调

OCL 功率放大器是一个小型电路系统，安装前要对整机线路进行合理布局，一般按照电路的顺序一级一级地布线，功放级应远离输入级，每一级的地线尽量接在一起，连线尽可能短，否则很容易产生自激振荡。

安装前应检查元器件的质量，安装时要特别注意功放块、运算放大器、电解电容等主要元器件的引脚和极性不能接错。从输入级开始向后级安装，也可以从功放级开始向前安装。安装一级，调试一级，安装两级，要进行级联调试，直到整机安装与调试完成。

2．电路调试技术

电路的调试过程一般是先分级调试，再级联调试，最后进行整机调试与性能指标调试。

分级调试又分为静态调试与动态调试。静态调试时，将输入端对地短接，用万用表测该级输出端对地的直流电压。动态调试是指输入端接入规定信号，用示波器观测该级的输出波形，并测量各项性能指标是否满足要求，如果相差很大，应检查电路是否接错，元器件数值是否合乎要求，否则是不会出现很大偏差的。在本设计中，调试时负载应用大功率的电阻替代，以免电路接错将扬声器烧坏。

单级电路调试时的技术指标很容易达到，但进行级联时，由于级间相互影响，可能使单级的技术指标发生很大变化，甚至两级不能进行级联。产生的主要原因：一是布线不太合理，形成级间交叉耦合，应考虑重新布线；二是级联后各级电流都要流经电源内阻，内阻压降对某一级可能形成正反馈，应接 RC 去耦滤波电路。R 一般取几十欧姆，C 一般用几百微法大电容与 $0.1\mu F$ 小电容相并联而得到。

3．整机功能试听

在电路经调试无误后，接上 $8\Omega/4W$ 的扬声器，可以进行音乐试听，如将由 MP3 输出的音乐信号接入信号输入端，此时扬声器传出的声音应清晰。

6.3　函数发生器设计

函数发生器是一种能够产生多种波形，如三角波、锯齿波、方波、正弦波的电路或仪器。根据用途的不同，有产生三种或多种波形的函数发生器，使用的器件可以是分立元器件（如低频信号函数发生器 S101 全部采用晶体管），也可以是集成电路（如单片函数发生器模块 8038）。为进一步掌握电路的基本理论及调试技术，本次实训的内容是设计方波-三角波-正弦波函数发生器。

6.3.1　实训任务与要求

1．实训任务

设计一函数发生器，能产生方波-三角波-正弦波，其性能指标要求如下。

频率范围：$1\sim10\text{Hz}$，$10\sim100\text{Hz}$；

输出电压：方波 $U_{\text{p-p}}\leqslant24\text{V}$，三角波 $U_{\text{p-p}}=8\text{V}$，正弦波 $U_{\text{p-p}}>1\text{V}$；

波形特性：方波 $t_{\text{r}}<30\mu\text{s}$，三角波 $\gamma_{\triangle}<2\%$，正弦波 $\gamma_{\sim}<5\%$。

2．实训要求

（1）分析设计任务，参考有关资料，制定设计方案并反复修改和对比，确定一种最佳设计方案，画出电路组成框图；

（2）设计各部分的单元电路，计算元器件参数，选定元器件型号和数量，提供元器件清单；

（3）安装、调试电路，并对电路做功能测试，分析各项性能指标，整理设计文件，写出完整的实训报告，并提供测试仪器清单。

6.3.2　设计思路与参考方案

1．电路选择与整体框图

函数发生器能自动产生正弦波、三角波、方波、锯齿波、阶梯波等电压波形。产生正弦波、三角波、方波的方案有多种，如先产生正弦波，然后通过整形电路将正弦波变换成方波，再由积分电路将方波变换成三角波；也可以先产生三角波-方波，再将三角波变换成正弦波或将方波变换成正弦波。这里介绍先产生方波-三角波，再将三角波变换成正弦波的电路设计方法。其组成框图如图 6.6 所示。

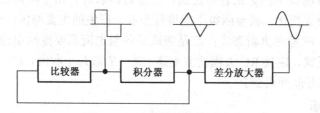

图 6.6　函数发生器的组成框图

2．参考电路及其工作原理

1）方波-三角波产生电路

图 6.7 所示的电路能自动产生方波-三角波，图中虚线右边的是积分器（A_2），虚线左边的是同相输入的迟滞比较器（A_1），其中 C_1 称为加速电容，可加速比较器的翻转。电路的工作原理分析如下。

若 a 点断开，比较器 A_1 的反相端接基准电压，即 $V_-=0$，同相端接输入电压 V_{in}；比较器输出 v_{o1} 的高电平 V_{OH} 接近于正电源电压 $+V_{\text{CC}}$，低电平 V_{OL} 接近于负电源 $-V_{\text{EE}}$（通常 $|+V_{\text{CC}}|=|-V_{\text{EE}}|$）。根据叠加原理，得到

$$V_+ = \frac{R_2}{R_2 + R_3 + RP_1} V_{o1} + \frac{R_3 + RP_1}{R_2 + R_3 + RP_1} V_{ia} \tag{6.1}$$

式中，RP_1 指电位器的调整值（下同）。

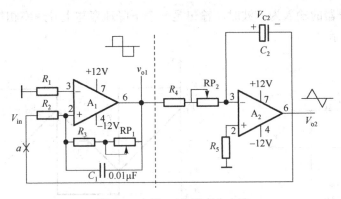

图 6.7 方波-三角波产生电路

通常将比较器的输出电压 v_{o1} 从一个电平跳变到另一个电平时相应输入电压的大小称为门限电压。将比较器翻转时对应的条件 $V_+ = V_- = 0$ 代入式（6.1），得到

$$V_{ia} = \frac{-R_2}{R_3 + RP_1} V_{o1} \tag{6.2}$$

设 $V_{o1} = V_{oH} = +V_{CC}$，代入式（6.2）可得到一个较小值，即比较器翻转的下门限电平

$$V_{T-} = V_{ia-} = \frac{-R_2}{R_3 + RP_1} V_{oH} = \frac{-R_2}{R_3 + RP_1} V_{CC} \tag{6.3}$$

设 $V_{o1} = V_{oL} = -V_{EE} = -V_{CC}$，代入式（6.2）可得到一个较大值，即比较器翻转的上门限电平

$$V_{T+} = V_{ia+} = \frac{-R_2}{R_3 + RP_1} V_{oL} = \frac{R_2}{R_3 + RP_1} V_{CC} \tag{6.4}$$

比较器的门限宽度为

$$\Delta V_T = V_{T+} - V_{T-} = 2 \times \frac{R_2}{R_3 + RP_1} V_{CC} \tag{6.5}$$

比较器的电压传输特性如图 6.8 所示。

a 点断开后，运放 A_2 与 R_4、RP_2、C_2 及 R_5 组成反相积分器，积分器的输入信号为方波 v_{o1}，其输出电压等于电容两端的电压，即

$$v_{o2} = -v_{C2} = -\frac{1}{C_2} \int \frac{v_{o1}}{(R_4 + RP_2)} dt = -\frac{1}{C_2} \int_{t_0}^{t_1} \frac{v_{o1}}{(R_4 + RP_2)} dt - v_{C2}(t_0)$$
$$= -\frac{v_{o1}}{(R_4 + RP_2)C_2}(t_1 - t_0) + v_{o2}(t_0) \tag{6.6}$$

式中，$v_{C2}(t_0)$ 是 t_0 时刻电容两端的初始电压值，$v_{o2}(t_0)$ 是 t_0 时刻电路的输出电压值。

当 $v_{o1} = +V_{CC}$ 时，有

$$v_{o2} = -\frac{V_{CC}}{(R_4 + RP_2)C_2}(t_1 - t_0) + v_{o2}(t_0) \tag{6.7}$$

当 $v_{o1} = -V_{CC}$ 时，有

$$v_{o2} = \frac{V_{CC}}{(R_4 + RP_2)C_2}(t_1 - t_0) + v_{o2}(t_0) \tag{6.8}$$

可见，当积分器的输入为方波时，输出是一个下降速率与上升速率相等的三角波，其波形关系如图6.9所示。

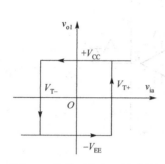

图6.8　比较器的电压传输特性

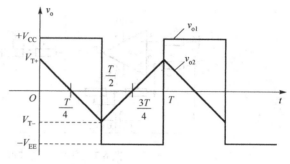

图6.9　方波-三角波

a 点闭合，即比较器与积分器首位相连，形成闭环电路，只要积分器的输出电压 v_{o2} 达到比较器的门限电平，使得比较器的输出状态发生改变，该电路就能自动产生方波-三角波。

由图6.9所示的波形可知，输出三角波的峰-峰值就是比较器的门限宽度，即

$$V_{o2p\text{-}p} = \Delta V_T = \frac{2R_2}{R_3 + RP_1}V_{CC} \tag{6.9}$$

积分电路的输出电压 v_{o2} 从 V_{T-} 上升到 V_{T+} 所需的时间是振荡周期的一半，即在 $T/2$ 时间内 v_{o2} 的变化量等于 $V_{o2p\text{-}p}$。根据式（6.8）得到的电路的振荡周期为

$$T = \frac{4R_2(R_4 + RP_2)C_2}{R_3 + RP_1} \tag{6.10}$$

方波-三角波的输出频率为

$$f = \frac{1}{4R_2(R_4 + RP_2)C_2} \cdot \frac{R_3 + RP_1}{R_2} \tag{6.11}$$

由式（6.9）及式（6.11）可以得出以下结论。

（1）方波的输出幅度约等于电源电压 $+V_{CC}$，三角波的输出幅度与电阻 R_2 和 $(R_3 + RP_1)$ 的比值有关，且小于电源电压 $+V_{CC}$。电位器 RP_1 可实现幅度微调，但会影响方波-三角波的频率。

（2）电位器 RP_2 在调整输出信号的频率时，不会影响三角波输出电压的幅度。因此应先调整电位器 RP_1，使输出三角波的电压幅值达到所要求的值，再调整电位器 RP_2，使输出频率满足要求。若要求输出频率的范围较宽，则可取不同的 C_2 来改变频率的范围，用 RP_2 实现频率的微调。

2）三角波-正弦波变换电路

三角波-方波的变换电路采用差分放大器。波形的变化原理是：利用差分对管的饱和与截止特性进行变换。分析表明，差分放大器的传输特性曲线 i_{C1}（或 i_{C2}）的表达式为

$$i_{C1} = \alpha i_{E1} = \frac{\alpha I_0}{1 + e^{-v_{id}/V_T}} \tag{6.12}$$

式中，$\alpha \approx I_C / I_E \approx 1$；$I_0$ 为差分放大器的恒定电流；V_T 为温度的电压当量，当室温为 25℃时，$V_T \approx 26\,\text{mV}$。

如果 v_{id} 为三角波，设表达式

$$v_{id} = \begin{cases} \dfrac{4V_m}{T}\left(t - \dfrac{T}{4}\right) & 0 \leqslant t \leqslant \dfrac{T}{2} \\[3mm] \dfrac{-4V_m}{T}\left(t - \dfrac{3T}{4}\right) & \dfrac{T}{2} \leqslant t \leqslant T \end{cases} \tag{6.13}$$

式中，V_m 为三角波的幅度，T 为三角波的周期。

将式（6.13）代入式（6.12），得

$$i_{C1}(t) = \begin{cases} \dfrac{\alpha I_0}{1 + e^{\frac{-4V_m}{V_T T}\left(t - \frac{T}{4}\right)}} & 0 \leqslant t \leqslant \dfrac{T}{2} \\[5mm] \dfrac{\alpha I_0}{1 + e^{\frac{4V_m}{V_T T}\left(t - \frac{3T}{4}\right)}} & \dfrac{T}{2} \leqslant t \leqslant T \end{cases} \tag{6.14}$$

用计算机对式（6.14）进行计算，打印输出的 $i_{C1}(t)$ 或 $i_{C2}(t)$ 曲线近似于正弦波，则差分放大器的输出电压 $v_{C1}(t)$、$v_{C2}(t)$ 也近似于正弦波，波形变换过程如图 6.10 所示。

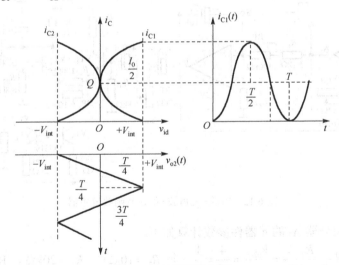

图 6.10　波形变换过程

为使输出波形更接近于正弦波，要求：①传输特性曲线尽可能对称，线性区尽可能窄；②三角波的幅值 V_m 应接近于晶体管的截止电压值。

图 6.11 所示为三角波-正弦波的变换电路。其中，RP_3 调节三角波的幅度，RP_4 调整电路的对称性，并联电阻 R_{E2} 用来减小差分放大器的线性区，C_3、C_4、C_5 为隔直电容，C_6 为滤波电容，以滤除谐波分量，改善输出波形。

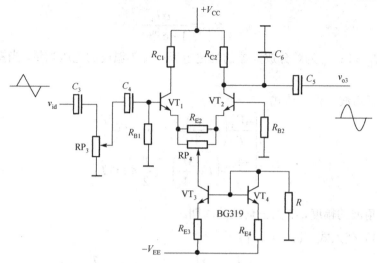

图 6.11　三角波-正弦波的变换电路

3．参数计算与选择

采用图 6.12 所示的电路，差分放大器采用本章前面设计的晶体管单端输入-单端输出差分放大器电路。由于方波的幅度接近于电源电压，因此取电源电压 $+V_{CC}=+12V$，　$-V_{EE}=-12V$。

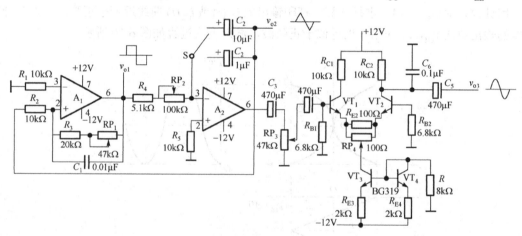

图 6.12　方波-三角波-正弦波函数发生器

比较器 A_1 与积分器 A_2 的元器件参数计算如下。

由式（6.9）得 $\dfrac{R_2}{R_3+RP_1}=\dfrac{V_{o2m}}{V_{CC}}=\dfrac{4}{12}=\dfrac{1}{3}$，取 $R_2=10k\Omega$，$R_3=20k\Omega$，$RP_1=47k\Omega$，平衡

电阻 $R_1=R_2//R_3+RP_1\approx10k\Omega$。由输出频率的表达式（6.11）得 $(R_4+RP_2)=\dfrac{R_3+RP_1}{4R_2C_2f}$，当 $1Hz\leqslant$

$f\leqslant10Hz$ 时，取 $C_2=10\mu F$，$R_4=5.1k\Omega$，$RP_2=100k\Omega$。当 $10Hz\leqslant f\leqslant100Hz$ 时，取 $C_2=1\mu F$ 以实现频率波段的变换，R_4 及 RP_2 的取值不变，故平衡电阻 $R_5=10k\Omega$。

三角波-正弦波电路的参数选择原则是：隔直电容 C_3、C_4、C_5 要取得较大，因为输出频率很低，取 $C_3=C_4=C_5=470\mu F$；滤波电容 C_6 的取值视输出波形而定，若包含的高次谐波成分较多，则 C_6 一般为 $1\mu F$ 左右。$R_{E2}=100\Omega$ 与 $RP_4=100\Omega$ 相并联，以减小差分放大器的线性

区。差分放大器的静态工作点可通过观测传输特性曲线、调整 RP_4 及电阻 R 来确定。

6.3.3　实训电路安装与调试

在装调多级电路时，通常按照单元电路的先后顺序进行分级装调与级联。图 6.12 所示电路的装调顺序如下。

1. 方波-三角波发生器的装调

由于比较器 A_1 与积分器 A_2 组成正反馈闭环电路，同时输出方波与三角波，因此这两个单元电路可以同时安装，需要注意的是，在安装电位器 RP_1 与 RP_2 之前，要先将其调整到设计值，否则电路可能不起振。如果电路接线正确，则在接通电源后，A_1 的输出 v_{o1} 为方波，A_2 的输出 v_{o2} 为三角波，微调 RP_1，使三角波的输出幅度满足设计指标要求，调节 RP_2，则输出频率可连续可变。

2. 三角波-正弦波变换电路的装调

三角波-正弦波变换电路可利用本章完成的差分放大器电路来实现。电路的调试步骤如下。

（1）差分放大器传输特性曲线调试。将 C_4 与 RP_3 的连线断开，经电容 C_4 输入差模信号电压 $V_{id} = 50\text{mV}$、$f_i = 100\text{Hz}$ 的正弦波。调节 RP_4 及电阻 R，使传输特性曲线对称。再逐渐增大 V_{id}，直到传输特性曲线的形状如图 6.10 所示，记下此时对应的峰值 V_{idm}。移去信号源，再将 C_4 左端接地，测量差分放大器的静态工作点 I_0、V_{C1Q}、V_{C2Q}、V_{C3Q}、V_{C4Q}。

（2）三角波-正弦波变换电路调试。将 C_4 与 RP_3 连接，调节 RP_3 使三角波的输出幅度（在 RP_3 后输出）等于 V_{idm} 值，这时 v_{o3} 的波形接近于正弦波，调整 C_6 改善波形。如果 v_{o3} 的波形出现图 6.13 所示的几种正弦波失真，则应调整和修改电路参数。产生失真的原因及采取的相应处理措施如下。

① 钟形失真，如图 6.13(a)所示，传输特性曲线的线性区太宽，应减小 R_{E2}。

② 半波圆顶或平顶失真，如图 6.13(b)所示，传输特性曲线的对称性差，工作点 Q 偏上或偏下，应调整电阻 R。

③ 非线性失真，如图 6.13(c)所示，是由三角波的线性度较差引起的失真，主要受运放性能的影响。可在输出端加滤波网络来改善输出波形。

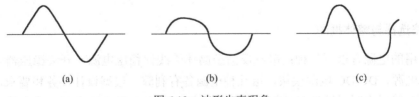

|(a)|(b)|(c)|

图 6.13　波形失真现象

3. 误差分析

（1）方波输出电压 $V_{\text{p-p}} \leqslant 2V_{CC}$，是因为运放输出级由 NPN 型或 PNP 型两种晶体管组成的复合互补对称电路在输出方波时，两管轮流截止与饱和导通，导通时受输出电阻的影响，使方波输出幅度小于电源电压值。

（2）方波的上升时间 t_r，主要受运放转换速率的限制。如果输出频率较高，则可接入加

速电容 C_1（C_1 一般为几十皮法），可用示波器测量 t_r。

6.4　直流稳压电源设计

　　直流稳压电源是能为负载提供稳定直流电源的电子装置。直流稳压电源的供电电源大都是交流电源，当交流供电电源的电压或负载电阻变化时，稳压器的直流输出电压都会保持稳定。随着电子设备向高精度、高稳定性和高可靠性的方向发展，对电子设备的供电电源提出了较高的要求。本次实训的内容是设计一种具有短路与过流保护，且连续可调的正压输出和负压输出的直流稳压电源。

6.4.1　实训任务与要求

1．实训任务

　　设计一直流稳压电源，其主要性能和技术指标如下。

　　（1）具有两路直流电源输出：正电压输出在 3～15V 范围内连续可调，负电压输出在 -15～-1.5V 范围内连续可调，并有输出电压显示和电源供电状态（正压/负压）指示，其输出电流为 500mA；

　　（2）电流调整率 $S_I \leqslant 1\%$（$S_I = \Delta U_o / U_o \times 100\%$，输入电压为交流 220V，空载到满载）；

　　（3）有短路与过流保护。

2．实训要求

　　（1）分析设计任务，参考有关资料，制定设计方案并反复修改和对比，确定一种最佳设计方案，画出电路组成框图；

　　（2）设计各部分的单元电路，计算元器件参数，选定元器件型号和数量，提供元器件清单；

　　（3）安装、调试电路，并对电路进行功能测试，分析各项性能指标，整理设计文件，写出完整的实训报告，并提供测试仪器清单。

6.4.2　设计思路与参考方案

1．电路选择与整体框图

　　目前常用的电源有以下几种：串联反馈型晶体管线性稳压电源、开关稳压器电源、集成三端稳压器电源、DC/DC 电源模块，这几种电源各有利弊。根据设计任务和要求，本系统的正压输出部分采用串联反馈型晶体管线性稳压电源，即串联型稳压电源，该电路的稳压特性好，过载能力强；负压输出部分采用集成三端稳压器 LM337，其输出电压调节范围宽，过压能力强。负压过流保护用 0.5A 30V 自恢复熔断器；系统短路、过流保护采用晶体管电子开关、双稳态触发器及继电器控制电路等实现，其总体结构框图如图 6.14 所示。主要包括变压器、整流器、滤波器、正压输出可调模块、负压输出可调模块、短路、过流检测及控制等，该电路公用一套整流滤波电路。

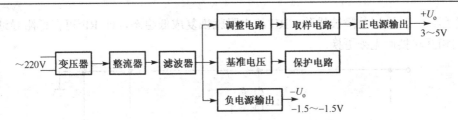

图 6.14　直流稳压电源的总体结构框图

2．参考电路及其工作原理

1）变压器、整流器及滤波器的设计

变压器选用降压变压器，它将 220V 的交流电降为合适的交流电后，再经整流器转换成直流。因要实现同时输出的正压和负压的稳压电源，故变压器的次级应带中心抽头，能输出两路有效值为 15V 的交流电。整流器采用二极管桥式整流，整流后的脉动电压再经电解电容滤波，经桥式整流、电容滤波后的输出电压为 $1.2U_2$（U_2 是变压器次级交流电的有效值）。

2）正压输出可调电路的设计

正压输出可调电路采用串联型稳压电路，它由取样电路、基准电压环节、比较放大器、调整电路等组成，如图 6.15 所示。稳压电路的输入电压 U_i 在 18～20V 范围内。

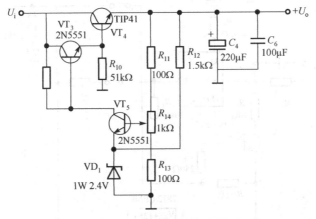

图 6.15　串联型稳压电路

该电路中，晶体管 2N5551 和 TIP41 组成复合晶体管，并利用电压串联负反馈来稳定输出电压 U_o，降低输出电阻，其中 TIP41 是调整管，TIP41 的击穿电压在 80V 左右，最大集电极电流为 2A，最大集电极允许功耗为 2W。为了调节输出电压的大小，在取样电阻 R_{11} 和 R_{13} 中间串联一个电位器 R_{14}，使输出电压 U_o 在 3～15V 范围内连续可调。注意：TIP41 应装散热片，起过热保护作用。

3）负压输出可调电路的设计

负压输出可调电路主要由集成三端稳压器 LM337、滤波电容、电位器及自恢复熔断器等组成，如图 6.16 所示。

LM337 输出负电压，用 R_{15} 电位器进行调节，输出电压的调节范围为 -37～-1.2V，电流为 1.5A。自恢复熔断器 RF 起过载自动保护作用，当工作电流通过自恢复熔断器时，其电阻只有零点几欧姆，当电流过载时，RF 的电阻就迅速增大，呈开路状态，立即将电流切断，起到保护作用。一旦过流故障被排除，RF 的电阻就恢复成低阻态，即 RF 可在低阻导通与高阻断开之间相互转换而无须更换。

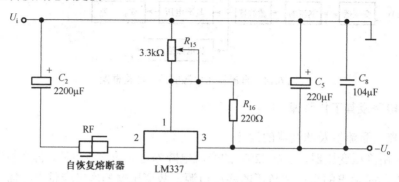

图 6.16　负压输出可调电路

4）短路与过流保护电路的设计

短路与过流保护电路如图 6.17 所示。

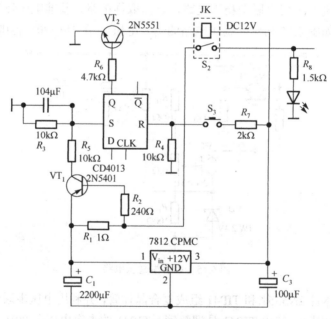

图 6.17　短路与过流保护电路

短路与过流保护电路由 2N5401（PNP 型）、2N5551（NPN 型）晶体管电子开关、双稳态触发器 CD4013、直流 12V 继电器及复位电路等组成，由集成三端稳压芯片 7812 提供工作电压+12V，R_1 是检测电阻，阻值为 1Ω。双稳态触发器 CD4013 是双 D 触发器，其引脚排列如图 6.18 所示，此处只用一个 D 触发器，逻辑功能如表 6.1 所示。

当系统发生短路故障时，短路电流流过 R_1，给 PNP 型晶体管 2N5401 的发射结提供一个正向偏置电压，使 2N5401 导通，此时，D 触发器的 S 端为高电平"1"，R 端为低电平"0"，触发器的输出端 Q 为"1"，从而使 NPN 型晶体管 2N5551 也导通，继电器的线圈得电，其常闭触点断开，迅速分断电路，起到保护作用。当故障排除时，晶体管 2N5401 恢复到截止状态，D 触发器的 S 端为"0"，手动按下复位键 S_1，使 D 触发器的 R 端为高电平"1"，则触

发器的输出端 Q 为"0"，使晶体管 2N5551 截止，继电器的线圈失电，其常闭触点闭合，系统恢复到正常状态。

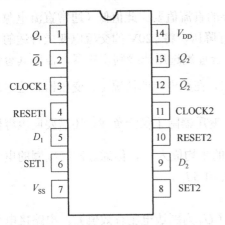

图 6.18　双稳态触发器 CD4013 引脚排列

表 6.1　CD4013 逻辑功能

CLOCK	D	RESET	SET	Q	$\bar{Q}$
⤴					
⤴	0	0	0	0	1
⤸	1	0	0	1	0
×	×	0	0	Q	$\bar{Q}$
×	×	0	1	1	0
×	×	1	1	1	1

5）系统电路原理图及系统抗干扰设计

该系统的电路原理图如图 6.19 所示，输出电压显示采用量程为 20V 的磁电式电压表 85C1-V 和 2A 250V 双刀双掷开关，通过双刀双掷开关换接线路，可显示输出电压的大小和极性，并用两种不同颜色的发光二极管指示电源的供电状态（正压/负压）。

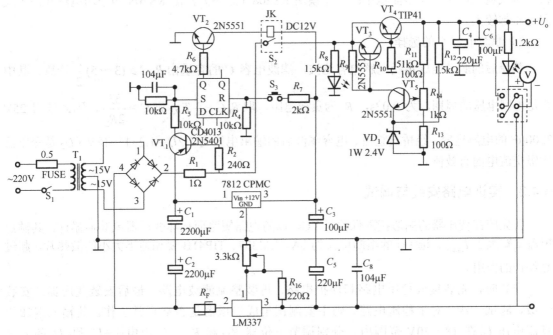

图 6.19　系统的电路原理图

系统抗干扰设计除采用滤波电容、去耦电容、高频旁路电容改善纹波、抑制高频干扰、防止自激振荡外，在数字集成芯片 CD4013 的 S 端加有瞬态电压抑制电路，抑制尖峰脉冲、浪涌电压及雷电干扰，使系统能长期安全、可靠地工作。

3. 参数计算与选择

1）选择电源变压器

电网上单相交流电的有效值为220V，而通常需要的直流值要比此值低（通常直流电源为±5V、±6V、±9V、±15V等），因此，先用变压器进行降压，将220V的交流电变成合适的交流电后再进行交、直流转换。在设计整流电路时为了合理地选用或绕制变压器，需对其容量进行计算，变压器副边电压的有效值 $U_2 = \dfrac{U_L}{0.9} = 1.11 U_L$，在纯电阻的情况下，变压器副边电流的有效值 $I_2 = \dfrac{U_L}{R_L} = \dfrac{1.11 U_L}{R_L}$，在电容滤波整流电路中，变压器除了供给负载，还需要向电容器充电，其瞬间电流值很大，所以虽然通过负载的电流的平均值为 I_L，但通过次级线圈的电流有效值 I_2 比 I_L 大，一般取 $I_2 = (1.1 \sim 1.3) I_L$，通常取 $I_2 = 1.5 I_L$。

2）选择整流二极管

当整流电路没有接电容时，负载电压 $U_L = 0.9 U_2$（U_2 为副边电压有效值）。电路接电容后，负载电压 $U_L = 1.2 U_2$（当 $R_L C \geqslant (3 \sim 5)\dfrac{T}{2}$ 时），流过每只二极管的平均电流 $I_D = \dfrac{1}{2} I_L = \dfrac{1}{2} \times \dfrac{U_L}{2R_L} = 0.6 \times \dfrac{U_2}{R_L}$，每只二极管承受的最大反向 $U_{RM} = 2\sqrt{2} U_2$。根据设计要求，变压器应能输出两路有效值为15V的交流电，且变压器的额定功率应大于或等于20W。整流器可采用二极管桥式整流，选用安装面积小的整流模块RS208（扁桥），因RS208的平均电流和最大反向电压都较大。

3）滤波电容 C 的选择

整流后的脉动电压再经电解电容滤波，滤波电容 C 的容量由 $R_L C \geqslant (3 \sim 5)\dfrac{T}{2}$ 计算，其中 T 是电网电压的周期，为0.02s，R_L 为负载电阻，取 $R_L C \geqslant \dfrac{3}{2} T$，则 $C \geqslant \dfrac{3T}{2R_L}$，因此选用 25V 2200μF的电解电容。经桥式整流、电容滤波后的输出电压为 $1.2 U_2 = 1.2 \times 15 = 18V$（$U_2$ 是变压器次级交流电的有效值）。

6.4.3 实训电路安装与调试

首先应在变压器的副边接入保险丝FU，以防电路短路而损坏变压器或其他器件，其额定电流要略大于 I_{omax}，选FU的熔断电流为1A，LM337、TIP41B要加适当大小的散热片，起过热保护的作用。

安装时，先装集成稳压电路和保护电路，再装整流滤波电路，最后安装变压器。安装一级，测试一级。对于稳压电路，则主要测试集成稳压器是否能正常工作。其输入端加的直流电压 U_i 在18～20V范围内，分别调节电位器 R_{14} 和 R_{15}，输出电压 $+U_o$ 和 $-U_o$ 随之变化，说明稳压电路正常工作。整流滤波电路主要用于检查整流模块RS208工作是否正常，接入电源变压器，整流输出电压应为正。断开交流电源，将整流滤波电路与稳压电路相连，再接通电源，输出电压 U_o 为规定值，说明各级电路均正常工作，可以进行各项性能指标测试。

6.5　竞赛 30s 定时器设计

　　竞赛 30s 定时器可用于篮球比赛中对球员持球时间的限制，一旦球员的持球时间超过了 30s，就自动报警，其计时功能在社会生活中也具有广泛的应用价值。本次实训采用数字集成器件设计竞赛 30s 定时器。

6.5.1　实训任务与要求

1. 实训任务

设计一个定时器，主要技术指标及要求如下：

（1）具有倒计时功能，定时时间为 30s，能以数字形式显示时间；

（2）定时器按递减方式计时，每隔 1s，定时器减 1；

（3）通过外部控制开关，控制定时器的直接启动/复位计时、暂停/连续计时；

（4）当定时器递减计时到零（即定时时间到）时，显示器上显示 00，同时发出报警信号。

2. 实训要求

（1）分析设计任务，参考有关资料，制定设计方案并反复修改和对比，确定一种最佳设计方案，画出电路组成框图；

（2）设计各部分的单元电路，计算元器件参数，选定元器件型号和数量，提供元器件清单；

（3）安装、调试电路，并对电路进行功能测试，分析各项性能指标，整理设计文件，写出完整的实训报告，并提供测试仪器清单。

6.5.2　设计思路与参考方案

1. 定时器的组成框图

　　该系统包括秒脉冲发生器、计数器、译码显示电路、控制电路和报警电路几部分。其中，计数器和控制电路是系统的主要部分。计数器完成 30s 计时功能，而控制电路具有直接控制计数器的启动计数、暂停、连续计数、定时时间到报警功能。用计数器对 1Hz 时钟信号进行计数，根据设计要求，计数器初值为 30，按递减的方式计数，减到 0 时，输出报警信号，并能通过开关控制计数器暂停/连续计数，因此需要设计一个可预置初值的带使能控制端的递减计数器。定时器的总体参考方案如图 6.20 所示。为了满足系统的设计要求，在设计控制电路时，应正确处理各信号之间的时序关系。

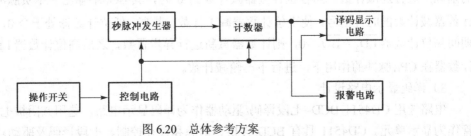

图 6.20　总体参考方案

2．定时器电路的设计

1）秒脉冲发生器设计

秒脉冲发生器是电路的时钟脉冲和定时标准，本设计对此要求并不太高，可按图 6.21 所示，采用 555 集成电路外接电阻、电容构成多谐振荡器来产生秒脉冲信号。

由 $T=0.7(R_1+2R_2)C$，可得 $f=1.43/(R_1+2R_2)C$，则输出频率为 10Hz。要获得 1Hz 的脉冲信号，可选用 74LS90 将 Q_A 与 CP_2 连接，构成 8421 码 10 分频电路，如图 6.21(b)所示。

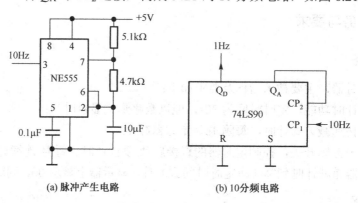

(a) 脉冲产生电路　　　　　　　　(b) 10 分频电路

图 6.21　秒脉冲发生器

2）30 进制递减计数器设计

计数器选用集成电路 74LS192 进行设计较为简便。74LS192 是可预置的十进制同步加、减可逆计数器，它采用 8421 码二-十进制编码，并具有直接清零、置数功能。其逻辑功能表如表 6.2 所示。

表 6.2　　74LS192 的逻辑功能表

CP_U	CP_D	$\overline{LD}$	CR	操作
×	×	0	0	置数
↑	1	1	0	加计数
1	↑	1	0	减计数
×	×	×	1	清零

图 6.22 所示的电路是通过两片 74LS192 的级联来设计的可预置计数初值的递减计数器。因为电路要实现减计数功能，所以 74LS192 的加计数信号输入端应加上高电平并采用同步置数的方式来实现 30s 置数。30 进制递减计数器的预置数为 $N=(0011\ 0000)_{8421BCD}=(30)_{10}$。其计数原理是，当 $\overline{LD}=1$、CR=0 且 $CP_U=1$ 时，在 CP 时钟脉冲上升沿的作用下，计数器在预置数的基础上进行递减计数。当各位计数器减计数到 0 时，其 $\overline{BO_1}$ 端输出一个负脉冲，作为十位计数器减计数的时钟信号，使十位计数器减 1 计数。若高、低位计数器处于全 0，且在 $CP_D=0$ 期间高位计数器 $\overline{LD_2}=\overline{BO_2}=0$，则计数器重新进行异步置数，之后高位计数器 $\overline{LD_2}=\overline{BO_2}=1$，计数器在 CP_D 脉冲的作用下，进行下一轮减计数。

3）译码显示电路设计

电路选用 CD4511 BCD-七段译码/驱动器作为译码显示电路，选用共阴极七段 LED 数码管作为显示单元。CD4511 具有 BCD 转换、消隐和锁存控制、七段译码及驱动功能，能提供较大的拉电流，可直接驱动 LED 显示器。$\overline{LT}$ 为灯测试端，加高电平时，显示器正常显示，加低电平时，显示器一直显示数码"8"，各笔段都被点亮，以检查显示器是否有故障。$\overline{BL}$ 为消隐功能端，加低电平时，所有笔段均消隐，正常显示时，$\overline{BL}$ 端应加高电平。另外 CD4511 有拒绝伪码的特点，当输入数据越过十进制数 9（1001）时，显示字形也自行消隐。LE 是锁存控制端，高电平时锁存，低电平时传输数据。

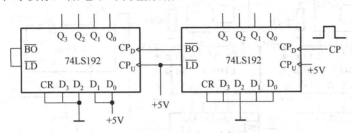

图 6.22　30 进制递减计数器

4）控制电路设计

为了保证满足系统的设计要求，在设计控制电路时，应正确处理各信号之间的时序关系，控制电路要完成以下几种功能。

（1）闭合启动开关时，计数器完成置数功能，显示器显示 30s 字样，断开启动开关时，计数器开始进行递减计数。

（2）当暂停/连续开关拨到暂停位置上时，控制电路封锁时钟脉冲信号 CP，计数器暂停计数，显示器上保持原来的数不变；当暂停/连续开关拨到连续位置上时，计数器继续累计计数。

（3）外部操作开关都应采取去抖措施，以防止机械抖动造成的电路工作不稳定。

（4）当计数器递减到零（即定时时间到）时，电路发出报警信号（此处采用指示 LED），电路如图 6.23 所示。

根据以上功能要求及图 6.22，设计的控制电路如图 6.24 所示，当开关 S_2 拨到暂停时，与非门 G_4 的输出为 1，G_5 的输出为 0，与非门 G_3 的作用是禁止时钟信号 CP 的放行，于是脉冲信号不能输入 74LS90，即实现暂停的功能。当开关 S_2 拨到连续时，G_5 的输出为 1，时钟信号 CP 被放行，从而实现连续计数。

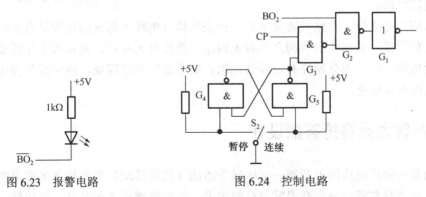

图 6.23　报警电路　　　　　　图 6.24　控制电路

5）报警电路设计

当定时器减计数到零时，$\overline{BO_2}$ 输出低电平，发光二极管导通，从而报警。

3．整体电路

在完成各单元电路的设计后，可以得到竞赛 30s 定时器的完整逻辑电路，如图 6.25 所示。

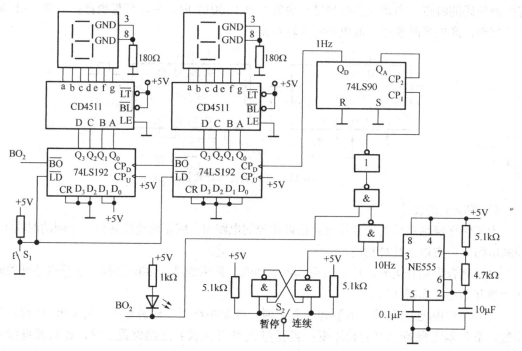

图 6.25　竞赛 30s 定时器的完整逻辑电路

6.5.3　实训电路安装与调试

先调试单元电路和子系统，然后逐渐将几个单元进行联调，最后进行整机调试。

（1）组装调试秒脉冲产生电路；

（2）组装调试 30s 递减计数器与译码显示电路；

（3）组装能满足系统要求的控制电路；

（4）整体联调。

调试时应小心谨慎，电路安装完毕后，首先应检查电路各部分的接线是否正确，检查电源、地线、信号线、元器件的引脚之间有无短路，器件有无接错。再接入电路所要求的电源电压，观察电路中的各部分器件有无异常现象。如果出现异常现象，应立即关掉电源，待故障排除后方可重新通电。

6.6　多路智力竞赛抢答器设计

抢答器是一种广泛应用于竞赛、文体娱乐活动（抢答活动）中的数字集成电路，它能准确、公正、直观地判断出最先获得发言权的选手，为竞赛增添了刺激性、娱乐性，在一定程度上丰富了人们的业余生活。本次实训的内容是设计一个 8 路智力竞赛抢答器。

6.6.1　实训任务与要求

1．实训任务

设计一个智力竞赛抢答器，其主要技术指标及要求如下。

（1）可供 8 名选手（代表队）参加比赛的数字式抢答器，每名选手（代表队）设置一个抢答按钮供抢答者使用；

（2）主持人可以通过开关控制系统的清零（显示数码管显示为零）和抢答的开始；

（3）抢答器具有数据锁存和显示功能。抢答开始后，若有选手按动抢答按钮，选手所对应的编号立即被锁存，并在 LED 数码管上显示出选手的编号，同时扬声器给出音响提示。此外，要封锁输入电路，禁止其他选手抢答。优先抢答选手的编号一直保持到主持人将系统清零为止；

（4）抢答器具有定时抢答的功能，能设定抢答时间，当主持人按下开始按钮时，定时器立刻倒计时，并显示。选手在设定的时间内抢答有效，超过时间抢答无效，定时器显示 00。

2．实训要求

（1）分析设计任务，参考有关资料，制定设计方案并反复修改和对比，确定一种最佳设计方案，画出电路组成框图；

（2）设计各部分的单元电路，计算元器件参数，选定元器件的型号和数量，提供元器件清单；

（3）安装、调试电路，并对电路进行功能测试，分析各项性能指标，整理设计文件，写出完整的实训报告，并提供测试仪器清单。

6.6.2　设计思路与参考方案

1．抢答器的组成框图

抢答器的总体框图如图 6.26 所示，它由主体电路和扩展电路组成。主体电路完成基本的抢答功能，即开始抢答后，当选手按动抢答按钮时，能显示选手的编号，同时能封锁输入电路，禁止其他选手抢答。扩展电路完成定时抢答的功能。

图 6.26 所示抢答器的工作过程是：接通电源时，节目主持人将开关置于"清除"位置，抢答器处于禁止工作状态，编号显示器灭灯，同时节目主持人可以设置抢答时间，定时显示器显示设定的时间；节目主持人宣布抢答题目并宣布抢答开始，同时将控制开关拨到"开始"位置，扬声器给出声响提示，抢答器处于工作状态，定时器倒计时。当定时时间到却没有选手抢答时，系统报警，并封锁输入电路，禁止选手超时后抢答。当选手在定时时间内按动抢答按钮时，抢答器要完成以下工作。

（1）优先编码电路立即分辨出抢答者的编号，并由锁存器进行锁存，然后由译码显示电路显示选手编号，扬声器发出短暂声响，提醒节目主持人注意时间；

（2）控制电路要对输入编码电路进行封锁，避免其他选手再次进行抢答；

（3）控制电路要使定时器停止计数，时间显示器上显示剩余的抢答时间，并保持到主持人将系统清零为止；选手将问题回答完毕后，主持人控制开关，使系统恢复到禁止工作状态，以便进行下一轮抢答。

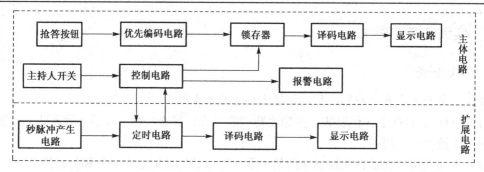

图 6.26　抢答器的总体框图

2. 抢答器设计

1）抢答电路设计

抢答电路由优先编码电路、锁存器、译码电路及显示电路组成。根据设计要求，电路选用优先编码器 74LS148、RS 锁存器 74LS279、译码器 74LS48 和共阴数码管来完成。该电路主要完成两种功能：一是分辨选手按钮的先后，并锁存优先抢答者的编号，供译码显示电路用；二是使其他选手的按钮操作无效。抢答电路如图 6.27 所示。

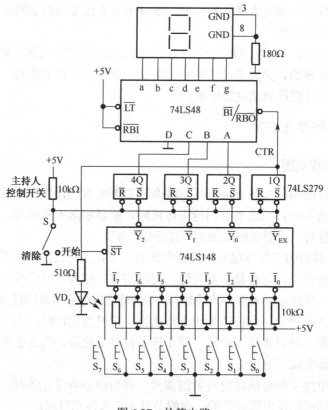

图 6.27　抢答电路

其工作原理是：当主持人的开关处于"清除"位置时，RS 触发器的 $\overline{R}$ 端为低电平，其输出端（4Q～1Q）全部为低电平，于是 74LS48 的 $\overline{BI}=0$，显示器灭灯。74LS148 的选通输入端 $\overline{ST}=0$，74LS148 处于工作状态，此时锁存器不工作。当主持人将开关拨到"开始"位置时，优先编码电路和锁存器同时处于工作状态，即抢答器处于等待工作状态，等待输入端 $\overline{I_7} \sim \overline{I_0}$ 输入信号；当选手将按钮按下时，如按下 S_5，74LS148 的输出 $\overline{Y_2 Y_1 Y_0}$ =010，$\overline{Y_{EX}}$ =0，经 RS 锁存器后，74LS279 的输出 CTR=1，$\overline{BI}$ =1，74LS279 处于工作状态，4Q3Q2Q=101，经 74LS48 译码后，显示器显示出"5"。此外 CTR=1，使 74LS148 的 $\overline{ST}$ =1，74LS148 处于禁止工作状态，封锁了其他按钮的输入。将按下的钮松开后，74LS148 的 $\overline{Y_{EX}}$ 为高电平，但由于 CTR 维持高电平不变，因此 74LS148 仍处于禁止工作状态，其他按钮的输入信号不会被接收。这就保证了抢答者的优先性及抢答电路的准确性。当优先抢答者回答完问题后，由主持人操作控制开关 S，使抢答电路复位，以便进行下一轮抢答。

2）定时电路设计

节目主持人根据抢答题的难易程度，设定一次抢答的时间，可以选用有预置数功能的十进制同步加/减计数器 74LS192 进行设计，具体电路从略，可以参照 6.5.2 节自行设计。

3）报警电路设计

由 NE555 定时器和三极管构成的报警电路如图 6.28 所示，其中 NE555 定时器构成多谐振荡器，振荡频率为

$$f_o = \frac{1}{(R_1 + 2R_2)C \ln 2} \approx \frac{1.43}{(R_1 + 2R_2)C}$$

其输出信号经三极管推动扬声器。PR 为控制信号，当 PR 为高电平时，多谐振荡器工作，反之，电路停振。

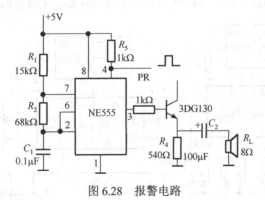

图 6.28 报警电路

4）控制电路设计

控制电路是抢答器设计的关键，它要完成以下三种功能。

（1）主持人将开关拨到"开始"位置时，扬声器发声，抢答电路和定时电路进入正常抢答工作状态；

（2）当参赛选手按动抢答按钮时，扬声器发声，抢答电路和定时电路停止工作；

（3）当设定的抢答时间到且无人抢答时，扬声器发声，同时抢答电路和定时电路停止工作。

根据以上的功能要求及图 6.27，设计的控制电路如图 6.29 所示。图中，门 G_1 的作用是控制时钟信号 CP 的放行与禁止，门 G_2 的作用是控制 74LS148 的输入使能端 $\overline{ST}$ 。

图 6.29(a)所示电路的工作原理是：主持人将开关从"清除"位置拨到"开始"位置时，来自图 6.27 所示电路中的 74LS279 的输出 CTR=0，经 G_3 反相，A=1，则从 NE555 定时器的

输出端来的时钟信号 CP 能加到 74LS192 的 CP_D 时钟输入端，定时电路进行递减计时。同时，在定时时间未到时，定时到信号 $\overline{BO_2}$ =1，门 G_2 的输出 $\overline{ST}$ =0，使 74LS148 处于正常工作状态，从而实现功能（1）的要求。当选手在定时时间内按动抢答按钮时，CTR=1 经 G_3 反相，A=0，封锁 CP 信号，定时器处于保持工作状态；同时，门 G_2 的输出 $\overline{ST}$ =1，74LS148 处于禁止工作状态，从而实现功能（2）的要求。当定时时间到时，$\overline{BO_2}$ =0，$\overline{ST}$ =1，74LS148 处于禁止工作状态，禁止选手进行抢答。同时，门 G_1 处于关门状态，封锁 CP 信号，使定时器电路保持 00 状态不变，从而实现功能（3）的要求。

图 6.29(b)所示电路用于控制报警电路及发声的时间，发声时间由时间常数 RC 决定。

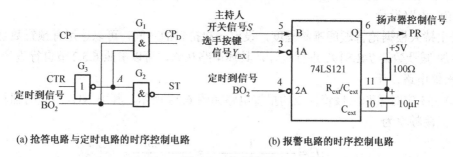

(a) 抢答电路与定时电路的时序控制电路　　　　　(b) 报警电路的时序控制电路

图 6.29　控制电路

3. 主体电路

在完成各单元电路的设计后，可以得到智力竞赛抢答器的主体逻辑电路图，如图 6.30 所示。

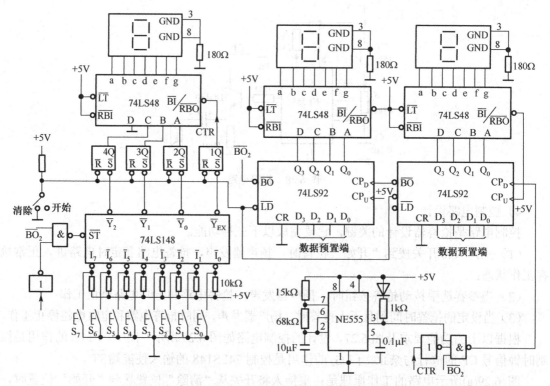

图 6.30　智力竞赛抢答器的主体逻辑电路图

6.6.3　实训电路安装与调试

先调试单元电路和子系统，然后逐渐将几个单元进行联调，最后进行整机调试。

（1）组装调试可预置时间的定时电路；

（2）抢答电路可先接两路调试，待成功后，再连接全部电路；

（3）先将报警电路单独调试，再接入整个电路中；

（4）整体联调。

6.7　简易数字钟设计

所谓数字钟，是指利用电子电路构成的计时器。相对机械钟而言，数字钟准确直观，并可显示小时、分、秒，同时能对该钟进行调整。本次实训的内容是设计一个精度较高的简易数字钟。

6.7.1　实训任务与要求

1．实训任务

（1）准确计时，能以数字形式显示小时、分、秒的时间。

（2）小时的计时采用 24 进制，从 00 开始到 23 后再回到 00，分和秒的计时采用 60 进制。

（3）具有手动校时、校分功能，可以分别对小时及分进行单独校正。

2．实训要求

（1）分析设计任务，参考有关资料，制定设计方案并反复修改和对比，确定一种最佳设计方案，画出电路组成框图；

（2）设计各部分的单元电路，计算元器件参数，选定元器件型号和数量，提供元器件清单；

（3）安装、调试电路，并对电路进行功能测试，分析各项性能指标，整理设计文件，写出完整的实训报告，并提供测试仪器清单。

6.7.2　设计思路与参考方案

1．数字钟的组成框图

该系统的组成框图如图 6.31 所示。其工作原理：振荡器产生稳定的高频脉冲信号作为数字钟的时间基准，再经分频器输出标准秒脉冲信号。秒计数器计满 60 后向分计数器进位，分计数器计满 60 后向小时计数器进位，小时计数器按照 24 进制规律计数。计时器的输出经译码器送至各自的 LED 数码管显示器。当计时出现误差时，可以用校时电路进行校时、校分。

2．主体电路的设计

主体电路是由功能部件或单元电路组成的。在设计这些电路或选择部件时，尽量选用同类型的器件，如所有功能部件都采用 TTL 集成电路或都采用 CMOS 集成电路，整个系统所用的器件种类应尽可能少。下面介绍各功能部件与单元电路的设计。

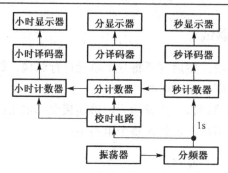

图 6.31　简易数字钟系统的组成框图

1）振荡器及分频器的设计

振荡器是数字钟的核心，用于产生标准频率信号。振荡器的稳定度及频率的精确度决定了数字钟计时的准确程度。一般来说，振荡器的频率越高，计时的精度越高，通常选用石英晶体构成振荡器电路。晶体振荡器的输出频率较高，为了得到 1Hz 的秒信号，需要对振荡器的输出信号进行分频。通常分频电路是计数器，一般采用多级二进制计数器实现。具体电路如图 6.32 所示，可由频率为 $f = 32\ 768\text{Hz} = 2^{15}\text{Hz}$ 的晶振和 14 位二进制串行分频器 CC4060 实现。CC4060 的最大分频系数是 2^{14}，则从 CC4060 上获得脉冲信号的最小频率为 2Hz。为了得到秒脉冲信号，还需要经过一个二分频电路，二分频电路可以由触发器 74LS74 构成。如果精度要求不高，可以采用由定时器 NE555 与 R、C 组成的多谐振荡器，设计方法可参考 6.5.2 节。

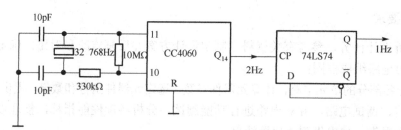

图 6.32　振荡器及分频电路

2）时/分/秒计数器的设计

分计数器和秒计数器都是模 $M = 60$ 的计数器，其计数规律为：00,01,…,58,59,00,…，选 74LS92 作为十位计数器，74LS90 作为个位计数器，再将它们级联组成模数 $M=60$ 的计数器，电路如图 6.33 所示。

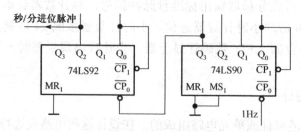

图 6.33　分/秒计数器电路

时计数器是一个 24 进制的特殊进制计数器，如图 6.34 所示，其工作过程是：当低位计数器 74LS90(L)计数到 $Q_{3L}Q_{2L}Q_{1L}Q_{0L}$=1001 时，Q_{3L} 输出一个脉冲至高位计数器 74LS90(H)的 $\overline{CP_0}$ 端，高位计数器开始加 1 计数。

　　当高位、低位计数器计数到 $Q_{3H}Q_{2H}Q_{1H}Q_{0H}Q_{3L}Q_{2L}Q_{1L}Q_{0L}$=(0010 0100)$_{8421BCD}$=(24)$_{10}$ 时，$Q_{1H}Q_{2L}$ 通过外加的与非门及反相器，将信号反馈到高位计数器和低位计数器的置零端，即当数字钟运行到 23 时 59 分 59 秒且秒的个位计数器再输入一个秒脉冲时，数字钟应自动显示为 00 时 00 分 00 秒，实现日常生活中习惯的计时规律。

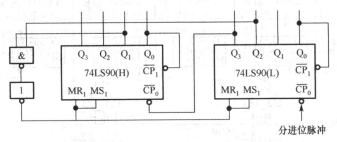

图 6.34　时计时器电路

3）译码显示电路设计

选用 CD4511 BCD−七段译码/驱动器作为译码显示电路，选用 LED 数码管作为显示单元。工作原理参考 6.5.2 节。

4）校时电路的设计

当数字钟接通电源或计时出现误差时，需要校正时间。校时是数字钟应具备的基本功能。对校时电路的要求是：在小时校正时不影响分和秒的正常计数；在分校正时不影响秒和小时的正常计数。本设计采用"快校时"的方式对时间进行校正，即通过开关控制，用 1Hz 脉冲的校时信号对计数器进行校时计数。图 6.35 所示为校"时"、校"分"电路，其中 S_1 为校"分"用的控制开关，S_2 为校"时"用的控制开关。当 S_1 或 S_2 分别为"0"时，可进行"快校时"。接电容 C_1、C_2 可以缓解抖动，必要时还应将其改为去抖动开关电路。校时电路的工作原理是：当 S_1 未按下时，V_a=1，则门 G_2 打开，因 V_a=1，故 V_b=0，门 G_3 被封锁，校时脉冲不能通过。因 V_b=0，故 G_3 的输出为 1，门 G_4 被打开，这样秒进位脉冲通过门 G_2、G_4 到达分个位计数器的时钟端。当 S_1 按下时，V_a=0，门 G_2 被封锁，秒进位脉冲不能通过。此时 V_b=1，则门 G_3 被打开，而 G_2 的输出为 1，校时脉冲可对计数器进行校时。

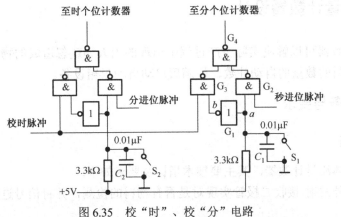

图 6.35　校"时"、校"分"电路

3. 主体电路

在完成各单元电路的设计后，可以得到数字钟电路，如图 6.36 所示。

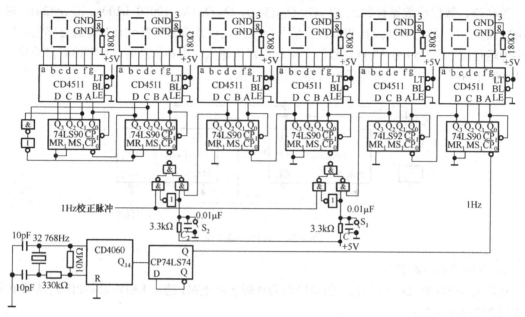

图 6.36　数字钟的主体电路

6.7.3　实训电路安装与调试

由图 6.31 所示的组成框图，按照信号的流向分级安装、逐级级联，这里的每一级是指数字钟的各功能电路。

级联时如果时序配合不同步或尖峰脉冲干扰而引起逻辑混乱，则可以增加多级逻辑门来延时。如果显示字符变化得很快，模糊不清，可能是由电源电流的跳变引起的，可在集成电路器件的电源端 V_{CC} 加退耦滤波电容，通常用几十微法的大电容与 0.01μF 的小电容相并联。经过联调并纠正设计方案中的错误和不足之处后，再测试电路的逻辑功能是否满足设计要求，最后画出满足设计要求的总体逻辑电路图。

6.8　物体流量计数器设计

物体流量计数器可以解决实际生产过程中出现的由人为疏忽造成的物料出现漏装或多装的问题，实现物料的数量的自动计数，计满后启动自动封箱设备。

6.8.1　实训任务与要求

1. 实训任务

设计一个物体流量计数器，其主要技术指标及要求如下：

（1）采用红外发射/接收二极管实现对是否有物料的检测，并将信号进行处理后送入计数器进行计数；

（2）设计译码显示电路用于显示物料数量；

（3）当计数达到 10 件时，启动声光报警，用于启动自动封箱设备。

2．实训要求

（1）分析设计任务，参考有关资料，制定设计方案并反复修改，确定一种最佳设计方案，画出电路组成框图。

（2）设计各部分的单元电路，计算元器件参数，选定元器件的型号和数量，提供出元器件清单。

（3）安装并调试电路。

（4）对安装的电路做功能测试，分析各项指标，整理设计文件，写出完整的实验报告，并提供测试仪器清单。

6.8.2　设计思路与参考方案

1．物体流量计数器的组成框图

物体流量计数器的组成框图如图 6.37 所示，该电路主要由红外发射与接收电路、放大电路、整形电路、译码显示电路、计满输出控制电路组成。当物体通过红外对管时，产生的信号经过放大整形，输出脉冲信号，计数器开始计数，当计满 10 个数时启动自动封箱设备。

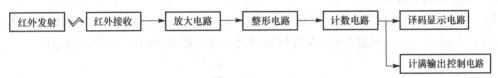

图 6.37　物体流量计数器的组成框图

2．物体流量计数器的设计

1）红外发射与接收电路

红外发射二极管是把电能直接转换成近红外光并能辐射出去的发光器件，其管压降一般约为 1.4V，工作电流一般小于 20mA。为了适应不同的工作电压，回路中常常串有限流电阻。红外接收二极管能很好地接收红外发光二极管发射的红外光信号。常用的红外发射二极管（SE303.PH303）的外形和发光二极管 LED 相似，透明封装，发出红外光。红外接收二极管采用黑胶封装。红外发射二极管正常工作于正向状态，电流流过红外发射二极管时，红外发射二极管发出红外线。红外接收二极管工作于反向状态，当接收到红外信号时，红外接收二极管的电阻减小；没有接收到红外信号时，红外接收二极管呈高阻状态。

2）整形电路设计

施密特触发器主要用于对输入波形进行整形，NE555 构成的施密特触发器通过外加电压信号来控制电路状态的翻转，从而实现对波形的整形，如图 6.38 所示。

3）计数电路设计

计数电路选用二、十进制同步加计数器 CD4518，内含

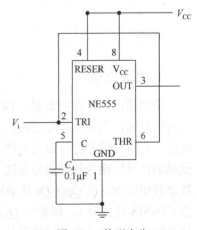

图 6.38　整形电路

两个单元的加计数器，其引脚图如图 6.39 所示。其逻辑功能表如表 6.3 所示。每个单元有两个时钟输入端 CLK 和 EN，可用时钟脉冲的上升沿或下降沿触发。由表 6.3 可知，若用 ENABLE 信号下降沿触发，则触发信号由 EN 端输入，CLK 端置"0"；若用 CLK 信号上升沿触发，则触发信号由 CLK 端输入，ENABLE 端置"1"。RESET 端是清零端，当 RESET 端置"1"时，计数器各端输出端 $Q_1 \sim Q_4$ 均为"0"，只有当 RESET 端置"0"时，CD4518 才开始计数。

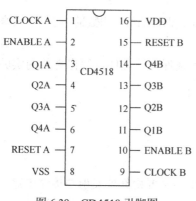

图 6.39　CD4518 引脚图

表 6.3　CD4518 的逻辑功能表

CLOCK	ENABLE	RESET	输出
↑	1	0	加计数
0	↓	0	加计数
↓	×	0	不变
×	↑	0	不变
↑	0	0	不变
1	↓	0	不变
×	×	1	$Q_A \sim Q_D$ 为 0

4）输出控制电路设计

输出控制电路由三极管 VT_2、VT_3 和继电器 K_1 共同组成。当 CD4518 的计数值为 9 即 $Q_A Q_B Q_C Q_D = 1001$ 时，三极管 VT_2、VT_3 同时导通，继电器 K_1 吸合，实现计满输出。

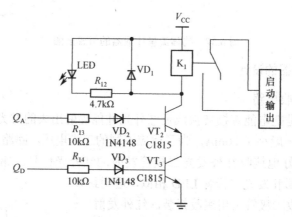

图 6.40　输出控制电路

3. 整体电路

电路通电后，红外发射二极管发射的红外线直接射入红外接收二极管中，此时红外接收二极管导通，当有物体经过时，光线被遮挡，红外接收二极管截止，电信号通过由 VT_1 组成的放大电路对信号进行放大处理，经过处理的信号送入由 NE555 构成的施密特触发电路，将模拟的信号转换为脉冲信号并送入计数器 CD4518 的 CLK 端，在脉冲信号上升沿的作用下计数器开始计数，$Q_A Q_B Q_C Q_D$ 从 0000 计数到 1001，译码显示电路则显示当前计数值从 1 到 9，当 CD4518 计数到 9，即输出 $Q_A Q_B Q_C Q_D = 1001$ 时，继电器 K_1 吸合，说明已经计数 10 件，该信号输出用于启动自动封箱设备。整体电路如图 6.41 所示。

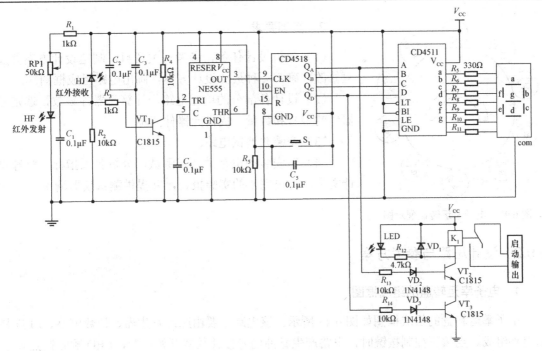

图 6.41　物体流量计数器的整体电路

6.8.3　实训电路安装与调试

先调试单元电路和子系统，然后逐渐进行单元联调，最后进行整机调试。

（1）红外发射/接收电路：将发射二极管的管头对准接收二极管的管头，管头与管头的间距应不小于 5mm，红外发射二极管和红外接收二极管均需卧式安装，但不能将红外发射/接收二极管贴着 PCB 安装，间距应不小于 5mm。

（2）组装调试计数与译码显示电路。

（3）组装调试输出控制电路。

（4）整体联调。

6.9　电子幸运转盘设计

6.9.1　实训任务与要求

电子幸运转盘常见于商场超市的各类促销活动中，也可以作为课堂教学师生互动的教具等。

1．实训任务

设计一个电子幸运转盘，其主要技术指标及要求如下。

（1）将 10 个 LED 配置成一个圆圈，相当于 10 种中奖形式。

（2）按下控制键后，每只 LED 顺序轮流发光，开始的时候流动得很快，松开控制键后流动得会越来越慢，最后随机停在某一个 LED 上不再移动。其展示图如图 6.42 所示。

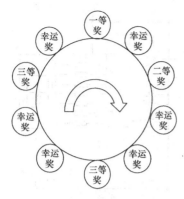

图 6.42　电子幸运转盘展示图

2. 实训要求

（1）分析设计任务，参考有关资料，制定设计方案并反复修改，确定一种最佳设计方案，画出电路组成框图。

（2）设计各部分的单元电路，计算元器件参数，选定元器件的型号和数量，提供元器件清单。

（3）安装并调试电路。

（4）对安装的电路做功能测试，分析各项指标，整理设计文件，写出完整的实验报告，并提供测试仪器清单。

6.9.2　设计思路与参考方案

1. 电子幸运转盘的组成框图

电子幸运转盘的组成框图如图 6.43 所示。该电路主要由脉冲发生器、计数电路、LED 显示电路组成。当按下控制按键时，电路产生脉冲信号使计数器开始计数，LED 顺时针点亮。

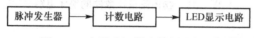

图 6.43　电子幸运转盘的组成框图

2. 电子幸运转盘设计

1）脉冲发生器电路的设计

图 6.44 中，S_1 为控制按键，R_1、C_1 组成 RC 充放电电路。当按下 S_1 按键时，电容 C_1 开始充电，三极管 VT_1 导通，由 NE555 构成的脉冲发生器输出脉冲信号。松开按键 S_1，电容 C_1 开始放电，C_1 正极的电压慢慢下降，三极管 VT_1 基极的电压也缓慢减小，VT_1 不会立即截止。当 C_1 的电压下降到一定值时，三极管 VT_1 截止，脉冲发生器停止输出脉冲信号。输出脉冲的频率由 R_2 和 C_2 决定，改变它们的值可以改变输出脉冲信号的频率。

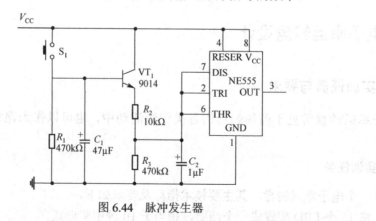

图 6.44　脉冲发生器

2）计数电路的设计

计数电路采用十进制计数器 CD4017，它的内部由计数器及译码器两部分组成，其引脚图如图 6.45 所示，逻辑功能表如表 6.4 所示。CP 是时钟脉冲输入端，上升沿开始计数，输出端 $Q_0 \sim Q_9$ 依次输出高电平。INH 是输入时钟脉冲控制端，接低电平计数器开始计数，接高电平会使 CP 暂停作用。CR 是置零端，一般接低电平，若接高电平，则计数器清零。CO 是进位端，用来接下一个十进制计数器，可以空接。

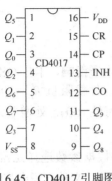

图 6.45　CD4017 引脚图

表 6.4　CD4017 逻辑功能表

输入			输出
CP	INH	CR	$Q_0 \sim Q_9$
×	×	H	复位
↑	L	L	计数
H	↓	L	
L	×	L	保持
×	H	L	
↓	×	L	
×	↑	L	

3. 整体电路

脉冲发生器由 NE555 及外围元器件构成，当按下按键 S_1 时，VT_1 导通，NE555 的 3 脚输出脉冲信号，CD4017 的 CP 接收到脉冲信号，$Q_0 \sim Q_9$ 这 10 个输出端轮流输出高电平从而驱动 10 只 LED 轮流发光。松开按键后，因有电容 C_1 的存在，VT_1 不会立即截止，随着 C_1 两端电压的减小，VT_1 的导通逐渐减弱，3 脚输出脉冲信号的频率变慢，LED 移动频率也随之变低。最后当 C_1 放电结束时，VT_1 截止，NE555 的 3 脚不再输出脉冲信号，LED 停止移动。R_2 和 C_2 决定 LED 移动速度，C_1 决定等待的时间。其电路图如图 6.46 所示。

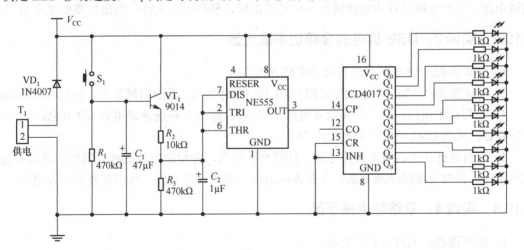

图 6.46　电子幸运转盘电路图

6.9.3　实训电路安装与调试

先调试单元电路和子系统，然后逐渐进行单元联调，最后进行整机调试。

（1）组装调试脉冲产生电路；

（2）组装调试计数与显示电路；

（3）整体联调。

6.10　电子电路设计实训任务

6.10.1　实训1：音响放大器

1．实训课题：音响放大器。

2．功能要求：具有话筒扩音、音量调节、音量控制、电子混响、卡拉OK伴唱等功能。

3．主要技术指标：额定功率 $P_o \geqslant 0.3\text{W}$ （ $\gamma < 3\%$ ）；负载阻抗 $R_L = 10\Omega$ ；频率响应 $f_L = 50\,\text{Hz}$ ， $f_H = 20\,\text{kHz}$ ；输入阻抗 $R_i \gg 20\,\text{k}\Omega$ ；音量控制特性 1kHz 处增益为 0dB，125Hz 和 8kHz 处有±12dB 的调节范围， $A_{VL} = A_{VH} \geqslant 20\text{dB}$ 。

4．分析设计任务，确定设计方案，计算相关参数，并根据参数选择元器件，最后安装与调试电路，并对电路进行功能测试，分析各项指标，整理设计文件，写出完整的实训报告。

6.10.2　实训2：电子门铃

1．实训课题：电子门铃。

2．功能要求：设计一个基于 NE555 的电子门铃，能够根据需要来改变电子门铃工作的直流电压，以控制扬声器输出声音的大小。

3．主要技术指标：设计一个可调电源来为电子门铃供电，并能够提供 4.5～1.5V 的直流电压；基于两个双极型 NE555 时基电路来设计电子门铃，能清晰发出"嘀嘀"声。

4．分析设计任务，确定设计方案，计算相关参数，并根据参数选择元器件，最后安装与调试电路，并对电路进行功能测试，分析各项指标，整理设计文件，写出完整的实训报告。

6.10.3　实训3：USB 供电的音频功率放大器

1．实训课题：USB 供电的音频功率放大器。

2．功能要求：音频功率放大器采用 USB 接口进行供电，具有音频放大、音频调节等功能。

3．主要技术指标：输入音频信号电压 $v_i < 0.5\text{V}$ ；输出负载扬声器电阻 8Ω 0.5W；有过流保护设计；采用 USB 供电（供电电源5V）。

4．分析设计任务，确定设计方案，计算相关参数，并根据参数选择元器件，最后安装与调试电路，并对电路做功能测试，分析各项指标，整理设计文件，写出完整的实训报告。

6.10.4　实训4：双路防盗报警器

1．实训课题：双路防盗报警器。

2．功能要求：设计一个双路防盗报警器，当常闭开关 S_1 和常开开关 S_2（实际中是安装在窗与窗框、门与门框的紧贴面上的导电铜片）发生盗情时，发生报警。

3．主要技术指标：当常闭开关 S_1 发生盗情时， S_1 打开，延时 1～35s 发生报警。当常开开关 S_2 发生盗情时， S_2 闭合，立即报警。发生报警时，两个警灯交替闪亮，周期为 1～2s，并有警车的报警声音，频率为 1.5～1.8kHz。

4．分析设计任务，确定设计方案，计算相关参数，并根据参数选择元器件，最后安装与调试电路，并对电路进行功能测试，分析各项指标，整理设计文件，写出完整的实训报告。

6.10.5　实训 5：声控开关电路

1．实训课题：声控开关电路。

2．功能要求：设计一个楼道用的声控开关，电路简单，成本低，性能安全可靠。

3．主要技术指标：白天灯不亮，晚间如有声音能使灯亮；灯亮 30s 后可自动熄灭。

4．分析设计任务，确定设计方案，计算相关参数，并根据参数选择元器件，最后安装与调试电路，并对电路进行功能测试，分析各项指标，整理设计文件，写出完整的实训报告。

6.10.6　实训 6：汽车尾灯控制电路

1．实训课题：汽车尾灯控制电路。

2．功能要求：设计一个汽车尾灯控制电路，实现对汽车尾灯显示状态的控制。汽车尾部的左、右两侧各有三个指示灯（假定用发光二极管模拟），根据汽车的运行情况，指示灯有 4 种不同的状态。

3．主要技术指标：

（1）汽车正常行驶时，左右两侧的指示灯全部处于熄灭状态；

（2）汽车右转弯行驶时，右侧三个指示灯按右循环顺序点亮，左侧的指示灯熄灭；

（3）汽车左转弯行驶时，左侧三个指示灯按左循环顺序点亮，右侧的指示灯熄灭；

（4）汽车临时刹车时，所有指示灯同时处于闪烁状态。

4．分析设计任务，确定设计方案，计算相关参数，并根据参数选择元器件，最后安装与调试电路，并对电路进行功能测试，分析各项指标，整理设计文件，写出完整的实训报告。

第7章 电子电路仿真实训

随着微电子技术和计算机技术的飞速发展，电子系统的设计方法发生了很大变化。EDA已成为电子设计与创新领域很常用的设计手段。在计算机平台上，利用相关仿真软件，可以轻松搭建自己的实训平台，对各种电子电路进行调试、测量、修改，借助仿真软件可生动、形象地展示各种电路运行效果，使电子产品从原理图设计、结构设计到性能分析全部利用计算机完成，这样可以充分提高电子设计的效率和精确度，节约设计费用，激发学生的学习兴趣，扩展学生的学习空间，加深学生对理论知识的理解，培养学生的创新精神。

● 实训目标

（1）掌握电子电路仿真软件的设计流程；

（2）掌握电子电路仿真软件中涉及的相关模拟电子技术和数字电子技术知识；

（3）掌握电子电路仿真软件的使用。

● 实训要求

实 训 项 目	相关知识及能力要求	实 训 学 时
仿真软件的使用	（1）了解仿真软件的操作及设计流程 （2）掌握电子电路仿真软件的使用	1～2 周
流水灯电路设计	（1）了解流水灯的工作原理 （2）掌握流水灯电路的设计方法和仿真调试方法	1～2 周
智力竞赛抢答器	（1）了解智力竞赛抢答器的工作原理 （2）掌握智力竞赛抢答器的设计方法和仿真调试方法	1～2 周
函数发生器	（1）了解函数发生器的工作原理 （2）掌握函数发生器各单元电路的设计方法和仿真调试方法	1～2 周
ICL8038 集成函数发生器	（1）理解集成函数发生器的工作原理 （2）掌握集成函数发生器的设计方法和仿真调试方法	1～2 周
30s 倒计时电路设计	（1）掌握倒计时电路的工作原理 （2）掌握倒计时电路的设计方法和仿真调试方法	1～2 周
电子电路仿真实训任务（自选）	（1）能结合自身掌握的电子技术知识熟练地查阅相关技术资料，并绘制正确的电路原理图 （2）能使用电子电路仿真软件对原理图进行仿真	1～2 周

7.1 电子电路仿真简介

当前在电子产品的设计中，计算机仿真是必不可少的环节。因此，掌握专业设计 EDA 类软件（包括 MATLAB、Proteus、Multisim 等电路设计与仿真工具）能够提高电子产品的开发效率和缩短开发周期，降低电子产品的开发风险和开发成本。

英国 Labcenter Electronics 公司开发的 EDA 工具软件 Proteus 是一款电路设计与实物仿真软件，功能强大、操作性强、性能稳定，处理器模型支持 8051 系列、AVR 系列、PIC 系列、ARM 等，兼备一般 EDA 工具的软件仿真能力和单片机外围元器件的仿真能力，是目前比较流行的工具软件。Proteus 集电路软件仿真、PCB 设计和虚拟仿真于一体，从硬件原理布图、软件代码的调试到外围电路的协同仿真，做到了从概念到产品的完整设计。通过将编译过的目标代码加载到原理图中的 MCU 器件上，可以实现在没有实际电路的情况下进行软硬件的联合调试，非常适合以硬件为基础的课内与课外实训。学生通过 Proteus 仿真，既能了解实训的技术细节，又可以直观地观察各种电子元器件的运行方式，加深对基本元器件的理解；简化实训的步骤，可以先对电路图修改完毕再进行最后的实物焊接，以此建立对实训过程的感性认识。

7.1.1　Proteus 软件简介

Proteus 自被推出市场以来，使用非常广泛，该软件组合了高级原理布图、混合模式 Spice 仿真、PCB 设计及自动化布线，来实现一个完整的电子设计系统。除实现以上与其他 EDA 工具相同的功能外，其革命性的功能是使用户可以对基于单片机为核心的系统连同所有的接口器件一起进行仿真，能够实现从实训方案设计、原理图输入、仿真调试、PCB 布板到最终产品的电子电路设计过程。Proteus 软件有以下几个主要特点。

（1）具有众多的模拟、数字电路中常用的 Spice 模型及各种动态元器件（基本元器件如电阻、电容、二极管、三极管等；74 系列 TTL 元器件和 4000 系列 CMOS 元器件，保存芯片包括各种常用的 ROM、RAM、EEPROM 等），可以实现原理图绘制和 PCB 设计，可以输出多种格式的电路设计报表，相当于一个电子设计和分析平台。

（2）具有电路基础仿真、模拟电路仿真、数字电路仿真、单片机及其外围电路的系统仿真、RS232 动态仿真、I^2C 调试器、SPI 调试器、键盘和 LCD 系统仿真的功能。有丰富的各种虚拟仪器，如电压表、电流表、逻辑分析仪、示波器、信号发生器等。

（3）支持当前市面上主流处理器系统的仿真，如 8051/8052、PIC、ARM、AVR、MSP430、DSP 等。

（4）强大的调试工具，具有和 Keil、IAR 等开发工具的接口。

（5）具有全速、单步、设置断点等多种形式的调试功能。

本章主要介绍 Proteus ISIS 有关电子技术部分的基本操作方法，包括工作界面、菜单、工具栏等简要说明，并配有实训案例操作。

7.1.2　Proteus 软件的组成

Proteus 有两大模块，分别是 ISIS 和 ARES。其中，ISIS 用于设计和修改电路的原理图、配置外部代码编译器、编写程序源代码及运行仿真与调试；ARES 则主要应用于印制电路板的设计。

7.1.3　Proteus 原理图设计流程

电子线路设计的第一步是进行原理图设计，Proteus 原理图设计流程如图 7.1 所示，各步骤的说明如下。

（1）新建设计文档。首先构思原理图，清楚设计的项目需要哪些电路，采用哪些模板，然后在 Proteus ISIS 中新建一张空白图纸。

（2）设置编辑环境。根据实际电路的需要设置图纸的大小，一般情况下采用默认模板。

（3）放置元器件。从元器件库中选取需要添加的元器件，放置在合适的位置，设置元器件的相关参数，根据元器件间的连线进一步调整布局。

（4）原理图布线。根据实际电路的需要，利用导线、标号等连接元器件。

（5）建立网络表。要完成电路板的设计，需要生成一个网络表文件。

（6）电气规则检查。完成原理图布线后，可以利用 Proteus ISIS 编辑环境提供的电气规则检查命令对原理图进行检查，并根据系统提示的错误检查报告来修改原理图。

（7）保存并输出。

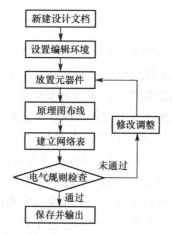

图 7.1　Proteus 原理图设计流程

7.2　Proteus ISIS 基本操作

此处介绍的 Proteus 软件的版本为 8.6，可以在 Windows 98/2000/XP/7 等系统中运行，一般主流配置即可满足要求。先按要求把软件安装在计算机上，安装结束后，在桌面的"开始"程序菜单中单击 Proteus 8 Professional 启动软件，如图 7.2 所示，或双击桌面上已创建的快捷方式图标 💿 启动该软件。

图 7.2　Proteus 启动菜单

7.2.1 Proteus 工程的新建

Proteus 中的工程思想方便了工程的管理，所有文件都被包含在一个工程下。首先单击文件 File→New Project 或者直接单击 ⬜，出现如图 7.3 所示的窗口，输入工程文件名及工程文件的存储路径。图中选中 New Project 为新建普通工程，单击 Next 按钮进入下一个窗口。选中 From Development Board 为新建开发板工程，Proteus 会加载开发板原理图，开启编译器供代码输入。

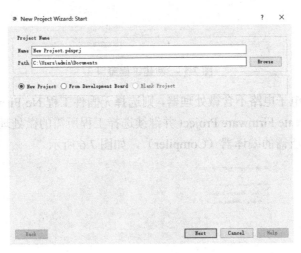

图 7.3 新建工程窗口 1

Proteus 自带若干图纸样式，如图 7.4 所示，选择 Create a schematic from the selected template 为从选择的图纸式样中创建原理图，单击 Next 按钮进入下一个窗口。选择 Do not create a schematic 为不创建原理图。

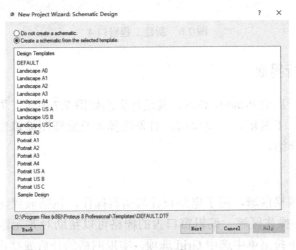

图 7.4 新建工程窗口 2

Proteus 自带若干 PCB 样式，如图 7.5 所示，选择 Create a PCB layout from the selected template 为从选择的 PCB 样式中创建 PCB 设计图，单击 Next 按钮进入下一个窗口。选择 Do not create a PCB layout 为不创建 PCB 设计图。

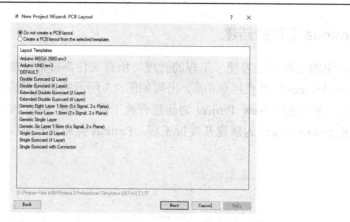

图 7.5   新建工程窗口 3

若将设计开发的电子电路不含微处理器，则选择无固件工程 No Firmware Project，反之则选择创建固件工程 Create Firmware Project 并继续选择工程所需的微处理器系列（Family）、型号（Controller）和所需的编译器（Compiler），如图 7.6 所示。

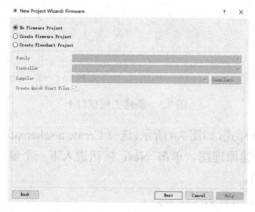

图 7.6   新建工程窗口 4

7.2.2   Proteus 运行界面

新建工程完成后，启动 Proteus ISIS，其运行界面如图 7.7 所示。界面包含编辑原理图所需的菜单栏、工具栏、工具箱、预览窗口、对象选择器及原理图编辑窗口等。下面将对工作界面的相关操作进行介绍。

1. 编辑窗口栅格

编辑窗口为点状栅格区域，用于电路设计与仿真操作，包括放置元器件、进行连线、绘制原理图，是 ISIS 的操作区域。编辑窗口内的栅格可以帮助对齐元器件。单击菜单栏的查看（View）菜单，在下拉菜单中选中 Grid 选项，实现网格的开启或禁止。栅格中点与点的距离可以通过网格的捕捉值设定。

2. 编辑原理图的缩放和移动

单击菜单栏的查看（View）菜单，可以对原理图进行放大（Zoom In）、缩小（Zoom Out）、放大整张原理图（Zoom To View Entire Sheet）、区域缩放（Zoom to Area），或者通过工具栏内的图标  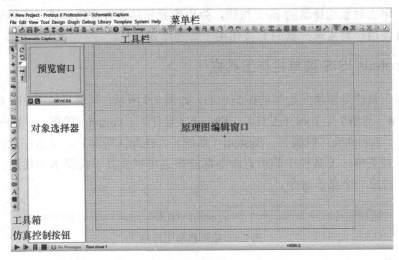 进行缩放，还可以通过鼠标的滚轮达到缩放的效果，如图 7.8 所示。

图 7.7　Proteus ISIS 运行界面

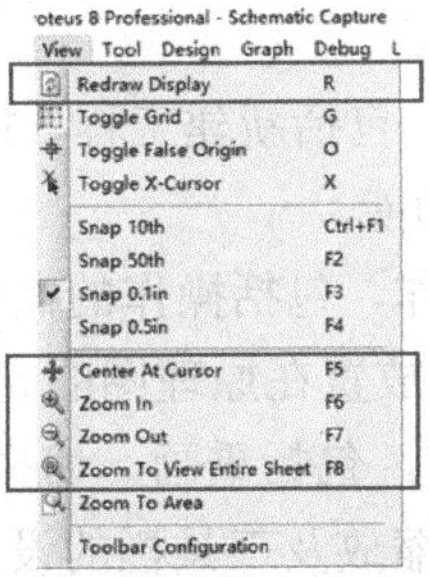

图 7.8　栅格的设定及原理图的缩放

当原理图的规模达到一定程度时，可以通过移动编辑窗口进行观察。单击预览窗口中的方框，移动鼠标，编辑窗口的原理图会随着鼠标的移动而移动。当原理图移动到视野中合适的位置时，再次单击预览窗口中的方框，原理图则不再随着鼠标而移动。

3．编辑窗口的实时捕捉

当鼠标指向某个元器件时，鼠标的指针会捕捉到这些元器件，可以方便地进行连线等操作。

4．预览窗口

预览窗口用于显示当前的图纸布局。窗口内的绿色框区域标识编辑窗口当前显示的区域。在预览窗口中单击某一位置，会以单击位置为中心刷新编辑窗口的显示区域。当元器件处于以下情况时：

（1）使用旋转或镜像按钮；

（2）在对象选择器中被选中；

（3）是一个可以设定朝向的元器件类型图标，

预览窗口则显示将要放置的元器件的预览。此元器件处于放置预览特性激活状态，当放置对象不执行以上情况时，放置预览特性被解除。

5. 对象选择器

对象选择器根据图标决定当前的状态从而显示不同的内容。显示的对象包括元器件、设备、图形等。单击对象选择器的 pick 按钮，弹出库元器件选取窗口，通过窗体选择所需元器件，供绘图时使用。对象选择器的 L 按钮用于管理库元器件。

7.2.3　Proteus ISIS 菜单栏与工具栏

菜单栏与工具栏是原理图绘制的控制中心，如图 7.9 所示，菜单栏包括 File（文件）、Edit（编辑）、View（查看）、Tool（工具）、Design（设计）、Graph（绘图）、Debug（调试）、Library（库）、Template（模板）、System（系统）、Help（帮助）。单击任意一个菜单都会弹出相应的下拉菜单，工具栏中的所有命令都能在菜单栏及其下拉菜单中找到，工具栏中的每个图标也都对应一个菜单命令。

图 7.9　菜单栏与工具栏

1. 菜单栏

菜单栏中各菜单的主要功能如下。

File 菜单主要用于对文件的操作，包括新建工程、打开工程、导入工程、打印命令、显示最近工作文件及退出 Proteus ISIS 等功能。

Edit 菜单主要用于对设计图的操作，包括操作的撤销/恢复、元器件的查找和编辑、剪切/复制/粘贴、设置层叠关系及清理没有放置在原理图的元器件。

View 菜单主要用于设置显示内容，包括重画，切换网格、原点、光标，设置网格间距，以当前鼠标为中心显示图纸，图纸的缩放及工具栏的设置。

Tool 菜单主要用于一些自动操作，包括自动连线、搜索并标记、全局标注、电气规则检测、编译网络表等。

Design 菜单主要用于编辑设计属性，包括编辑页面属性、新建图纸、删除图纸、切换图纸等。

Graph 菜单主要用于仿真操作，包括编辑图表、添加曲线、查看日志等。

Debug 菜单主要用于仿真调试，包括启动/暂停/停止调试、单步调试、跟踪调试、从子程序跳出、程序执行到指定位置、恢复模型固定数据、使用远程调试等。

Library 菜单主要用于管理库元器件，包括元器件的选取、创建、封装工具及库管理器的调用等。

Template 菜单主要用于系统设置，包括设置设计默认值、图表曲线颜色、图形样式、文本样式、节点样式等。

System 菜单主要用于系统相关参数设置，包括显示信息、快捷键、设置路径、图纸尺寸、字体、仿真的赋值参数等。

Help 菜单主要为用户提供相关操作信息，包括打开基本操作菜单、相关操作说明等。

2. Proteus ISIS 工具箱

工具箱位于界面的左侧，工具箱中的多种设计工具能够帮助实现原理图的编辑设计。工具箱图标及说明如表 7.1 所示。

表 7.1 工具箱图标及说明

图 标	图标名称	说 明
	选择模式	选择任意元器件并编辑元器件属性
	元器件模式	选择元器件
	节点模式	原理图中标记连接点
LBL	连线标号模式	在原理图中为线段命名
	文字脚本模式	在原理图中输入一段文本
	总线模式	在原理图中绘制一段总线
	子电路模式	绘制一个子电路模块
	终端模式	对象选择器会列出各种终端
	元器件切换模式	对象选择器会列出各种引脚
	图表模式	对象选择器会列出各种仿真所需要的图表
	调试弹出模式	进入活动弹出窗口模式
	激励源模式	对象选择器会列出各种信号源
	探针模式	仿真时显示探针处的电压值或电流值
	虚拟仪器模式	对象选择器会列出各种虚拟仪器
	二维直线模式	用于创建元器件或表示图表时划线
	二维方框图形模式	用于创建元器件或表示图表时绘制方框
	二维圆形图形模式	用于创建元器件或表示图表时绘制圆形
	二维弧形图形模式	用于创建元器件或表示图表时绘制弧形
	二维闭合图形模式	用于创建元器件或表示图表时绘制任意形状图形
A	二维文本模式	用于创建元器件或表示图表时插入文字说明
S	二维符号模式	用于创建元器件或表示图表时选择各种符号元器件
	二维标记模式	用于产生各种标记图标

3. Proteus ISIS 方向工具栏

方向工具栏内的按钮及输入窗口是提供给旋转对象使用的，合理地编排对象的角度及位置，可以降低原理图连线的复杂程度。方向工具栏图标及说明如表 7.2 所示。

表 7.2 方向工具栏图标及说明

图 标	功 能	说 明
↻	旋转按钮	每单击一次按 90° 的整数倍顺时针改变元器件的放置方向
↺	旋转按钮	每单击一次按 90° 的整数倍逆时针改变元器件的放置方向
0°	旋转角度	输入 90° 的整数倍
↔	镜像按钮	水平镜像元器件
↕	镜像按钮	垂直镜像元器件

4. Proteus ISIS 仿真按钮

仿真按钮是用来控制仿真的启动、运行与停止的，其图标及说明如表 7.3 所示。

表 7.3 仿真按钮图标及说明

图 标	功 能
▶	启动仿真
▷	单步启动
❚❚	暂停仿真
■	停止仿真

7.2.4　Proteus ISIS 编辑环境设置

在 Proteus ISIS 中绘制电路，可以按照自己的习惯和喜好编辑环境设置，包括选择模板、图纸选型、文本设置等。

1．模板设置

新建文件时，可以先选择合适的模板，单击 Template→ Set Design Defaults 菜单，在模板风格设置对话框中对颜色属性等内容进行设置。具体功能如图 7.10 所示。

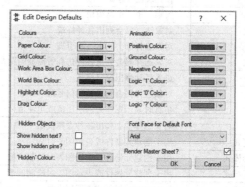

图 7.10　模板设置窗口

Paper Colour：设置编辑窗口及预览窗口的图纸颜色。

Grid Colour：设置编辑窗口内栅格颜色。

Work Area Box Colour：设置预览窗口中编辑窗口位置工作边框的颜色，默认为绿色。

World Box Colour：设置编辑窗口边界框的颜色，默认为蓝色。

Highlight Colour：设置热点对象的颜色。

Drag Colour：设置导线、元器件等被拖拽时的颜色。

Positive Colour：设置正极性或者高电位的颜色。

Ground Colour：设置地的颜色。

Negative Colour：设置负极的颜色。

Logic '1' Colour：设置逻辑"1"的颜色。

Logic '0' Colour：设置逻辑"0"的颜色。

Logic '?' Colour：设置逻辑"?"的颜色。

2．图表设置

单击 Template→ Set Graph & Trace Colour 菜单，在对话框中可以对图表轮廓（Graph Outline）、背景（Background）、图表标题（Graph Title）、图表文本（Graph Text）等选项进行设置，还可以对模拟轨迹（Analogue Traces）、数字轨迹（Digital Traces）的颜色进行设置，如图 7.11 所示。

3．图形设置

单击 Template→ Set Graphic Styles 菜单，在对话框中可以对线型（Line style）、线宽（Width）、颜色（Colour）及填充类型（Fill style）、填充颜色（Fg. colour）选项进行设置，如图 7.12 所示。

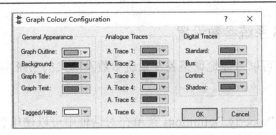

图 7.11　图表设置

图 7.12　图形设置

4．文本设置

单击 Template→ Set Text Styles 菜单，在对话框中可以通过风格 Style 的下拉列表选择所需的风格，在字体（Font face）处选择字体，设置文字的高度（Height）、宽度（Width）、颜色（Colour）、效果（Effects）等，如图 7.13 所示。

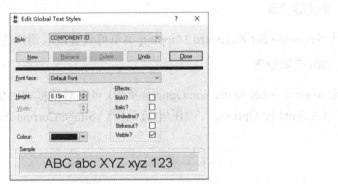

图 7.13　文本设置

5．交点设置

单击 Template→Set Junction Dot Styles 菜单，在对话框中可以对交点的大小（Size）、形状（Shape）进行设置，如图 7.14 所示。

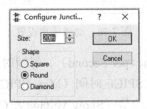

图 7.14　交点设置

7.2.5　Proteus ISIS 系统参数设置

通过系统参数设置可以方便地调整各种系统参数及隐藏的系统参数。

1．属性定义设置

单击 System→ Set Property Definitions 菜单在对话框中可以使用新建、删除命令添加或移除器件属性，如图 7.15 所示。

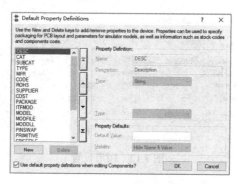

图 7.15　属性定义设置

2．图纸大小设置

单击 System→Set Sheet Sizes 菜单可设置图纸大小。

3．快捷键设置

单击 System→ Set Keyboard Mapping 菜单可设置或取消快捷键。

4．动画选项设置

单击 System→ Set Animation Options 菜单，可在对话框中对仿真速度（Simulation Speed）、动画选项（Animation Options）、电压/电流范围（Voltage/Current Ranges）等进行设置，如图 7.16 所示。

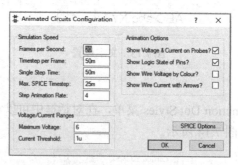

图 7.16　动画选项设置

通过设置每秒显示帧数（Frames per Second）、每帧时间间隔（Timestep per Frame）、单步时间（Single Step Time）、最大 SPICE 时间（Max. SPICE Timestep）可确定仿真速度。

通过勾选探针上显示电压和电流值（Show Voltage & Current on Probes）、引脚上显示逻辑状态（Show Logic State of Pins）、颜色显示电压高低（Show Wire Voltage by Colour）、箭

头表示电流方向（Show Wire Current with Arrows）可激活和解除相应状态。

5. 仿真选项设置

仿真选项可以通过单击动画选项设置对话框里的 SPICE Options 选项，也可以单击 System→Set Simulation Options 菜单来弹出对话框，在对话框中可设置误差参数（Tolerances）、MOSFET 参数、迭代参数（Iteration）、温度参数（Temperature）、瞬变参数（Transient）等。

7.3 Proteus ISIS 原理图绘制

前面简单介绍了 Proteus ISIS 的界面、基本操作命令及使用工具，下面介绍原理图的绘制过程。

7.3.1 新建原理图文件

首先进入 Proteus ISIS 编辑环境，选择 File→New Design 菜单，在弹出的对话框中选择 DEFAULT 模板，将新建的设计保存在根目录下，保存文件名为 New Project。

7.3.2 元器件操作

单击 Proteus ISIS 工具箱中的 ▷ 按钮即可激活元器件操作模式。通过该模式可以对当前设计的元器件进行操作，包括选取元器件、放置元器件、调整元器件、替换元器件等。

1. 选取元器件

（1）选择 Library→Pick Devices 菜单或者单击对象选择器中的按钮 📭，打开元器件库选取对话框。对话框中的输入栏和状态框如图 7.17 所示。

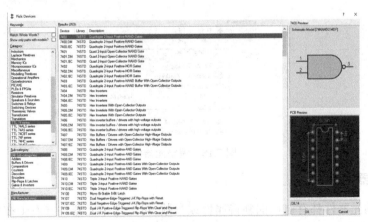

图 7.17　元器件库选取对话框

Keywords（关键字）：在此框中输入所需要元器件的关键字来查找所需元器件，如电阻 RES、电容 CAP、液晶 LCD 等。

Category（类别）：列出器件的类别，如电阻、电容、二极管、各种集成电路等。

Sub category（子类别）：列出在类别栏中的大类下的子类，如 Analog ICs（模拟电路集成库）中的子类 Amplifier（放大器）、Comparators（比较器）。

Manufacturer（制造商）：列出元器件的制造商。

Results（结果栏）：显示符合要求的元器件列表。

Schematic Preview：原理图预览。

PCB Preview：封装预览。在 PCB Preview 下拉选择框中可以选择同种型号不同封装的元器件。

（2）通过分类查找或者输入元器件名称的方式查找当前项目所需要的元器件，双击元器件可以将其加入当前的项目元器件库中。

（3）不断重复步骤（2），将所需元器件都添加到当前项目元器件库中，单击 OK 按钮，完成元器件库的设置。

（4）在原理图的设计过程中，可以随时通过以上步骤添加所需元器件。

注意：有些元器件由多个部分组成，如与门、非门等逻辑门，在这种情况下，逻辑器件会自动被标注为 U1:A ,U1:B……以表示它们属于同一个物理元器件。

2．放置元器件

（1）在当前项目元器件库中选择一个元器件。

（2）在原理图编辑窗口单击，出现该元器件的虚影，选择合适的位置，再次单击，元器件将被放置在图纸中单击的位置。

（3）放置好元器件后，可以根据需要通过鼠标滚轮调整图纸的视图大小。

3．调整元器件

放置好元器件后，可以对元器件的位置和方向进行调整，单击 ▶ 按钮或者单击选中的元器件，直接按住鼠标左键不放，可以将元器件拖拽到想要放置的位置。还可以右击，选择对元器件进行移动、旋转、镜像等操作，如图 7.18 所示。

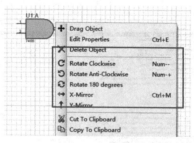

图 7.18　调整元器件

4．设置元器件属性

原理图中的元器件都有自己的独特属性或参数，可以选中元器件并右击在菜单中选择 Edit Properties 命令或者双击需要编辑的元器件，在弹出的对话框中进行编辑，如图 7.19 所示，在对话框中编辑电阻的编号、阻值的大小等。

5．鼠标式样和功能

在 Proteus ISIS 原理图编辑窗口，当鼠标滑过元器件、符号、图形等对象时，会出现围绕对象的虚线框，提示用户可以通过鼠标对此元器件进行操作。此时光标的形状也会发生相应的改变，常见的光标形状和对应功能有以下几种。

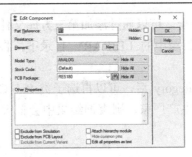

图 7.19　设置元器件属性

（1）标准光标形状 ▷：处于选择操作模式。

（2）黑白铅笔形状 ✐：单击放置对象。

（3）绿色铅笔形状 ✐：单击开始布线或结束布线。

（4）蓝色铅笔形状 ✐：单击开始布总线或结束布总线。

（5）选择手型 ☞：单击选择鼠标所指对象。

（6）移动手型 ✥：按住鼠标左键并拖动鼠标，用于移动鼠标所选中的对象。

（7）拖动光标 ↕：按住鼠标左键对线进行调整。

6．替换元器件

当原理图设计中需要替换设计的元器件时，详细操作步骤如下。

（1）在元器件库中选择需要的新元器件，添加到对象选择框中，选中此元器件。

（2）在编辑窗口的空白处单击，移动鼠标指针，使新元器件至少有一个引脚的末端与旧元器件的某一引脚重合，然后单击，选择替换即可。

7.3.3　常用的元器件类型说明

Proteus ISIS 原理图中的库元器件是按照类型存放的，对于比较常用的元器件，可以通过查询它的名称来直接拾取，或者通过类型查询的方式来查找，也比较方便。表 7.4 所示为元器件库分类说明。

表 7.4　元器件库分类说明

类　　别	说　　明	类　　别	说　　明
Analog ICs	模拟电路集成库	Operational Amplifiers	运放库
Capacitors	电容库	Optoelectronics	光电子器件库
CMOS 4000 series	CMOS 4000 系列	PICAXE	具有串行下载的微处理芯片库
Connectors	插座插针等电路接口库	PLDs and FPGAs	可编程逻辑器件和可编程门阵列
Data Converters	数据转换器	Resistors	电阻库
Debugging Tools	调试工具	Simulator Primitives	仿真基元
Diodes	二极管库	Speakers & Sounders	扬声器和声响
CEL 10000 series	CEL 10000 系列	Switches & Relays	开关和继电器
Electromechanical	电机库	Switching Devices	开关器件
Inductors	电感库	Thermionic Valves	热离子真空管
Laplace Primitives	拉普拉斯模型	Transducers	传感器库
Memory ICs	存储器 IC	Transistors	晶体管库
Microprocessor ICs	微处理器集成库	TTL 74 series	标准 TTL 系列集成电路
Miscellaneous	混杂器件	TTL 74ALS series	先进的低功耗肖特基 TTL 系列
Modelling Primitives	模型基元	TTL 74AS series	先进的肖特基 TTL 系列

Proteus 里的元器件并不很全，可以通过添加第三方库文件的方法进行补充。需要将第三方库文件复制到 Proteus 程序目录中的 LIBRARY 目录下，将相应的元器件模型文件复制到 MODELS 目录下。

选取元器件所在的大类 Category 后，可以再选子类 Sub-Category、生产厂商等进一步选取元器件；若没有选取子类或生产厂家，则查询结果中会把大类下的所有元器件名称按首字母进行升序排列，再进行选取。

7.3.4 布线操作

布线操作是将原理图中的元器件对应的引脚连接到一起从而形成电路的过程。下面分别介绍普通布线、重复布线、拖动连线及设置连线标号的操作。

1. 普通布线

在绘制电路图的过程中可以随时进行布线操作，将鼠标移到需要放置连线的端点上，即可看到鼠标变成绿色铅笔状态，单击并且移动鼠标即可画出连线，如果需要自己决定走线路径，在拐点处单击即可。连线绘制完成后，可以通过拖动带连线的元器件达到修改连线长度和位置等目的。

2. 重复布线

在绘制原理图过程中若遇到需要重复布线的情况，如译码显示驱动器的输出端与一个七段数码管相连，则可以单击译码显示驱动器的 Q_A 口与数码管的 a 口，使它们之间建立一条线路，然后双击 Q_B、Q_C 等，重复布线功能被激活，可以自动在其他口之间布线，如图 7.20 所示。

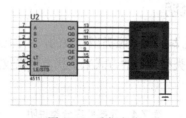

图 7.20 重复布线

3. 拖动连线

（1）用鼠标拖动线的一个角，连线会随着鼠标指针而移动。

（2）单击选择移动的线，鼠标变成箭头，可以平移连线。

（3）在需要移动的线段周围拖出一个选择框，可以拖动线段或线段组，再次单击结束操作。

4. 设置连线标号

单击工具箱中的■按钮进入连线标号模式，将鼠标移动到需要标识的线上，鼠标会出现一个"×"号，单击并在对话框中编辑相应的内容。这种方式用于一组连线或一组引脚名称的编辑，设置完成后，系统会认为标有相同名称的连线和引脚是相连的，这样可以省略多个引脚和线路间的连线，使原理图更简洁。

7.3.5　终端模式

单击工具箱中的🔲按钮进入终端模式，通常对象选择器中有默认端口（DEFAULT）、输入端口（INPUT）、输出端口（OUTPUT）、双向端口（BIDIR）、电源端口（POWER）、地端口（GROUND）、总线端口（BUS），可以通过单击对终端属性进行编辑。

7.3.6　元器件清单

实际工程应用中，需要对设计的电路中使用的元器件进行统计，以便后续实际调试中使用，可以单击菜单栏中的🔲按钮，自动生成材料清单，完成统计。生成的材料清单可以以Excel、PDF 等格式输出。

7.4　Proteus ISIS 电路仿真

Proteus ISIS 电路仿真是利用其提供的库元器件及相应的数据模型，通过计算和分析表示当前设计电路工作状态的一种手段。通过仿真能使电路原理图像实物一样运行，可以验证设计思路是否可行、元器件参数选择是否合理、流程及程序设计是否可靠。

Proteus ISIS 电路仿真包括交互式仿真和基于图表的仿真两种。

（1）交互式仿真利用 Proteus ISIS 提供的虚拟仪器实时监控仿真电路的状态变化，直观地反映当前电路的运行状态。

（2）基于图表的仿真将电路的仿真过程和结果观测分开，仿真结果输出到 Proteus ISIS 所提供的图表工具中，在仿真完成之后进行分析。

7.4.1　激励源

Proteus ISIS 提供了 14 种激励源，用来给整个电路提供输入信号，单击工具箱中的🔲按钮，对象选择器窗口中会显示所有的激励源。Proteus ISIS 提供的激励源名称及说明如表 7.5 所示。

表 7.5　Proteus ISIS 提供的激励源名称及说明

名　称	说　明	名　称	说　明
DC	直流信号发生器	ADUIO	音频信号发生器
SINE	正弦波发生器	DSTATE	数字单稳态逻辑电平发生器
PULSE	脉冲信号发生器	DEDGE	数字单边沿信号发生器
EXP	指数脉冲信号发生器	DPULSE	单周期数字脉冲发生器
SFFM	单频率调频波信号发生器	DCLOCK	数字时钟信号发生器
PWLIN	分段线性信号发生器	DPATTERN	数字模式信号发生器
FILE	FILE 信号发生器	SCRPTABLE	可编程逻辑语言信号发生器

下面以直流信号发生器、正弦波发生器为例介绍信号的设置方法，其他激励源的设置方法基本类似。

1.　直流信号发生器 DC 设置

直流信号发生器用于给电路提供直流电压和电流。单击工具箱中的🔲按钮，选择 DC，将直流信号发生器放置在原理图编辑窗口中，双击直流信号发生器，出现的属性对话框如图 7.21 所示，默认为直流电压源，可以在对话框的右侧设置电压源的大小。如果需要直流电流源，选中图 7.22 中左下侧的 Current Source，则可以在右侧对话框中设置电流值的大小。

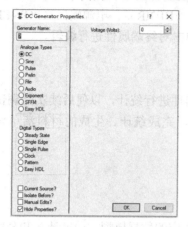

图 7.21　直流信号发生器的属性对话框

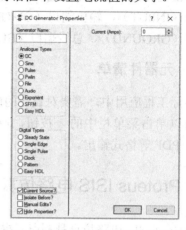

图 7.22　直流信号发生器的属性对话框（电流源）

2. 正弦波发生器 SINE 设置

正弦波发生器可以产生幅度、频率可调的正弦波。单击单击工具箱中的 ⊘ 按钮，选择 SINE，将正弦波发生器放置在原理图编辑窗口中，双击正弦波发生器，出现如图 7.23 所示的属性对话框。

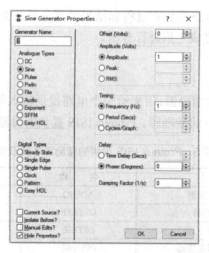

图 7.23　正弦波发生器的属性对话框

在对话框中可以对初始偏移值（Offset）、幅值（Amplitude）、峰值（Peak）、有效值（RMS）、频率（Frequency）、周期（Period）、延时（Time Delay）、相位（Phase）进行设置。

7.4.2　虚拟仪器

Proteus ISIS 提供了多种虚拟仪器，用于监测电路的输出信号。单击工具箱中的 ▣ 按钮，对象选择器窗口中会显示所有的虚拟仪器。Proteus ISIS 提供的虚拟仪器名称及说明如表 7.6 所示。

表 7.6　Proteus ISIS 提供的虚拟仪器名称及说明

名　　称	说　　明	名　　称	说　　明
OSCILLOSCOPE	虚拟示波器	SIGNAL GERNERATOR	信号发生器
LOGIC ANALYSER	逻辑分析仪	PATTERN GENERATOR	模式发生器
COUNTER TIMER	计数/定时器	DC VOLTMETER	直流电压表
VIRTUAL TERMINAL	虚拟终端	DC AMMETER	直流电流表
SPI DEBUGGER	SPI 调试器	AC VOLTMETER	交流电压表
I2C DEBUGGER	I^{2}C 调试器	AC AMMETER	交流电流表

下面以虚拟示波器为例介绍它的使用方法。

单击工具箱中的 按钮，选择 OSCILLOSCOPE，将虚拟示波器放置在原理图编辑窗口中。虚拟示波器如图 7.24 所示，示波器的 4 个接线端 A、B、C、D 能分别接 4 路输入信号，能同时观察 4 路信号的波形。将频率为 100Hz、幅值为 5V 的正弦波输入示波器的 A 通道、C 通道，信号与示波器连接图如图 7.25 所示。单击仿真运行按钮 ▶ 开始仿真，出现如图 7.26 所示的示波器运行界面。

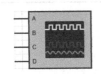

图 7.24　虚拟示波器

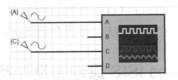

图 7.25　信号与示波器连接图

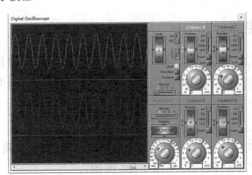

图 7.26　示波器运行界面

示波器显示区有 4 条不同颜色的水平扫描线，其中 A 通道、C 通道显示正弦波形。示波器的操作区分为 Channel A、Channel B、Channel C、Channel D 这 4 条通道，以及 Trigger 触发方式、Horizontal 水平设置这几部分。

4 条通道的操作功能相同。Position 用来调整波形的垂直位移，旋钮用来调整波形的 Y 轴增益，白色区域的刻度用来表示图形每个对应的电压值。内旋钮为微调，外旋钮为粗调。在图形区读波形的电压时，应把内旋钮顺时针调到最右端。

触发区：其中 Level 用来调节水平坐标，水平坐标只在调节时才显示。Auto 按钮一般为红色选中状态。在 Cursors 光标按钮被选中后，可以用鼠标在图形显示区标注坐标，从而读波形的电压和周期。

水平区：Position 用来调整波形的水平方向的位移，旋钮用来调整扫描频率。当读周期时，应把内环的微调旋钮顺时针旋转到底。

7.4.3　仿真图表

Proteus ISIS 提供了多种仿真图表，可以通过放置不同的图表来显示电路在各方面的特性，观察各种数据。单击工具箱中的 按钮，对象选择器窗口中会显示所有的仿真图表。Proteus ISIS 提供的仿真图表名称及说明如表 7.7 所示。

表 7.7　Proteus ISIS 提供的仿真图表名称及说明

名　称	说　明	名　称	说　明
ANALOGUE	模拟分析图表	FOURIER	傅里叶分析图表
DIGITAL	数字分析图表	AUDIO	音频分析图表
MIXED	混合分析图表	INTERACTIVE	交互分析图表
FREQUENCY	频率分析图表	CONFORMANCE	一致性分析图表
TRANSFER	转移特性分析图表	DC SWEEP	直流扫描分析图表
NOISE	噪声分析图表	AC SWEEP	交流扫描分析图表
DISTORTION	失真分析图表		

仿真图表的操作方法，后面会通过仿真实例进行介绍。

7.5　Proteus ISIS 原理图设计及仿真实例

7.5.1　共发射极放大电路分析

通过绘制典型的共发射极放大电路，熟悉元器件的选取与放置、导线的连接、编辑属性等基本命令。采用模拟分析图表和使用虚拟示波器的方法分析共发射极放大电路，具体步骤如下。

1．创建一个新工程。

（1）创建一个新的设计文件，单击 File→New Project 菜单，输入新工程文件名及文件存储路径，选中 New Project 单选按钮，单击 Next 按钮。

（2）选中从选择的模板中创建原理图（Create a schematic from the selected template），选择默认 DEFAULT，单击 Next 按钮。

（3）选中不创建 PCB 设计图（Do not create a PCB layout），单击 Next 按钮。

（4）选中无固件工程（No Firmware Project），单击 Next 按钮，单击 Finish 按钮创建完成工程文件。

2．设置当前设计的相关参数，如工作环境、图纸大小、显示颜色、字体风格等，可以根据个人工作习惯进行设置。

3．将需要使用的元器件添加到本设计中，在对象选择器窗口中单击 按钮，选择元器件。元器件列表如表 7.8 所示。将选取的元器件按照从左往右、从上往下的顺序，充分考虑布线的难易程度进行摆放。在工具箱中单击 按钮，选择端口，选取电源端口（POWER）、地端口（GROUND），单击并进行连线。双击需要编辑的器件，在其对应的属性对话框中对数值进行修改，电路连接完成，电路原理图如图 7.27 所示。

表 7.8 共发射极放大电路元器件表

元器件名	元器件数值	元器件名	元器件数值
R1	100kΩ	C1	10μF
R2	10kΩ	C2	0.1μF
R3	22kΩ	C3	10μF
R4	2kΩ	C4	10μF
Q1	NPN	SINE	0.2V 1kHz

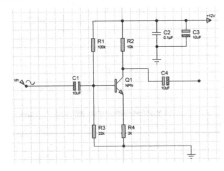

图 7.27 共发射极放大电路原理图

4．单击工具箱中的图表仿真按钮 ⊠ 进入图表模式，在对象选择器中选择模拟分析图表 ANALOGUE，在编辑窗口中按下鼠标左键拖出一个方框，松开鼠标左键即可确定方框的大小，将模拟分析图表放置在原理图中，如图 7.28 所示。也可以采用放置后再拖动鼠标来改变图表大小的方法。

（1）放置探针。根据需要分析交流增益，单击工具箱中的 ✐ 按钮，选择电压探针 VOLTAGE，分别在输入端和输出端放置两个电压探针（由于我们选择的信号源自带一个探针，因此无须额外添加探针）。为分析方便，可以编辑探针的名字，输入端为 vin，输出端为 vout，如图 7.28 所示。

（2）添加探针对应曲线到图表。选中探针，按住鼠标左键将其拖动到图表中，松开并单击，探针添加完成。也可以单击 Graph→Add Trace 菜单，在对话框中单击 Probe 的下拉菜单，选择对应的探针，单击 OK 按钮，完成添加，如图 7.29 所示。

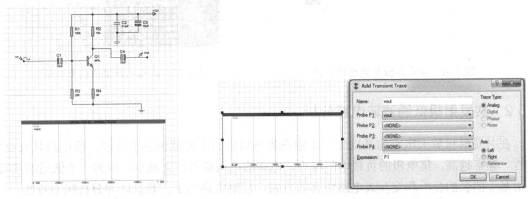

图 7.28 加载模拟分析图表　　　　　　图 7.29 添加探针对应曲线

（3）设置仿真图表。仿真图表的运行时间由 X 轴的范围确定。单击图表，在对话框中设置开始时间和停止时间。由于原理图中的输入信号为 0.2V、1kHz，时间设置为 1s，因此无法观察清楚，所以设置初始时间为 0s，结束时间为 2ms。

（4）选择基于图表的仿真，按空格键或单击 Graph→Simulate Graph 菜单，输出仿真波形。共发射极放大电路的图表仿真如图 7.30 所示。

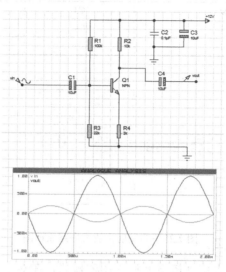

图 7.30　图表仿真

（5）双击图表框体 ANALOGUE ANALYSIS，可以最大化图表，并且可以通过 Options 来设置图表、曲线、文字、标题的颜色，以及纸张的大小等。

5．也可以通过采用连接虚拟示波器的方式来观察波形，单击工具箱中的 按钮，分别连接放大电路的输入端 VIN、输出端 VOUT 到虚拟示波器的 A 通道、B 通道，如图 7.31 所示。单击仿真按钮 ，虚拟示波器中会显示输入波形与输出波形，如图 7.32 所示。

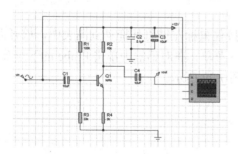

图 7.31　虚拟示波器的连接方法

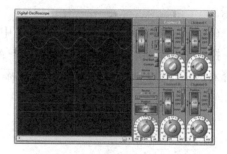

图 7.32　虚拟示波器的仿真波形

7.5.2　共发射极低通滤波电路分析

在共发射极放大电路的基础上，采用在集电极电阻上并联电容的方法，使电路具有频率特性。频率越高，集电极的负载电阻越小，电路的电压增益随之减小，成为一个低通滤波器。采用基于图表的分析和交互式电路仿真的方式，观察电路的工作状态，并分析频率特性。

1．创建一个新的设计文件，输入新工程文件名及文件存储路径，完成相关参数设置。具体步骤参考 7.5.1 节。

2．选取元器件，按照表 7.9 来设置相应的属性，并按图 7.33 将元器件摆放好，连接好线路，添加探针。

表 7.9　共发射极低通滤波电路元器件表

元器件名	元器件数值	元器件名	元器件数值
R1	130kΩ	C1	10μF
R2	10kΩ	C2	0.1μF
R3	27kΩ	C3	47μF
R4	2kΩ	C4	10μF
Q1	NPN	C5	0.015μF
SINE			

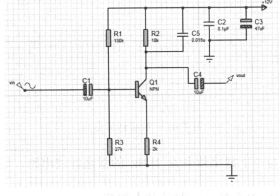

图 7.33　共发射极低通滤波电路

3．设置动画选项，单击 System→ Set Animation Options 菜单，勾选相应的选项，如图 7.34 所示。如勾选在探针上显示电压与电流值（Show Voltage & Current on Probes）、显示引脚逻辑状态（Show Logic State of Pins）、用颜色显示连线电压（Show Wire Voltage by Colour）、用箭头显示电流方向（Show Wire Current with Arrows）。

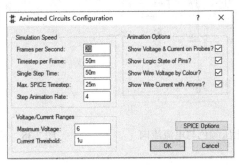

图 7.34　设置动画选项

4．单击工具箱中的图表仿真按钮 进入图表模式，在对象选择器中选择频率分析图表（FREQUENCY），将频率分析图表放置在原理图中。在频率分析图表中加入探针曲线 Vin，单击频率分析图表，编辑对话框，参考源 Reference 选择 Vin，起始频率和结束频率根据实际应用中的需求设置，如图 7.35 所示。

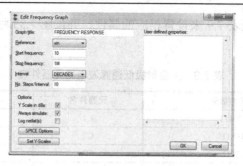

图 7.35　频率分析图表设置

5. 按下空格键或单击 Graph→Simulate Graph 菜单，输出频率仿真曲线，如图 7.36 所示。

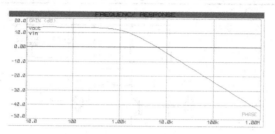

图 7.36　频率仿真曲线

该曲线说明此电路是一个截止频率为 1kHz 的低通滤波电路，截止频率为 $f = \dfrac{1}{2\pi CR_C} =$

$1/(2\times3.14\times0.015\mu F\times10k\Omega) \approx 1061Hz$，与理论基本相符。

6. 按下仿真按钮 ▶，可以显示电压颜色与电流流向，如图 7.37 所示，按下暂停按钮 ❚❚，单击工具箱中的 按钮，单击需要观察的元器件，会在元器件旁边出现元器件信息列表，如图 7.38 所示。

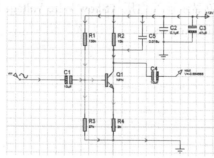

图 7.37　电压颜色与电流流向

图 7.38　元器件 Q1 信息列表

7.5.3　使用 D 触发器构成二进制加法计数器

使用 4 个 D 触发器构成 4 位二进制加法计数器，它的连接特点是将每个 D 触发器都接成 T′触发器，再将低位触发器的 $\bar{Q}$ 和高一位的 CLK 端连接。4 位二进制加法计数器从 0000 起始状态到 1111 终止状态共有 16 个状态，故称为十六进制加法计数器。根据触发器的功能可知，Q1 的周期是 CLK 周期的 2 倍，Q2 的周期是 CLK 周期的 4 倍，Q3 的周期是 CLK 周期的 8 倍，Q4 的周期是 CLK 周期的 16 倍，实现了 2、4、8、16 分频，这也是计数器的分频作用。按表 7.10 来设置参数，电路图如图 7.39 所示。

表 7.10　4 位二进制加法计数器的元器件表

元器件名	元器件数值
U1-U2	74LS74
DCLOCK	1kHz

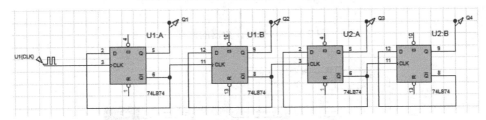

图 7.39　4 位二进制加法计数器

单击工具箱中的图表仿真按钮 进入图表模式，在对象选择器中选择数字分析图表 DIGITAL，设置完成后，输出仿真波形如图 7.40 所示。

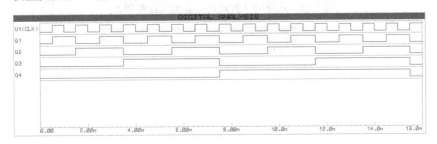

图 7.40　4 位二进制加法计数器的输出仿真波形

7.5.4　六进制计数器

用复位法获得六进制计数器，根据同步十进制计数器 CC40192 的逻辑功能，当计数器的输出 $Q_DQ_CQ_BQ_A$ 为 0110 时，通过两个与非门将输出端 Q_CQ_B 的信号送到清零端，使计数器清零，从而实现从十进制到六进制的转换。按表 7.11 来选择器件，进行相关设置。原理图如图 7.41 所示，仿真图中若引脚为蓝色，则表示输出为低电平，若引脚为红色，则表示输出为高电平。图 7.42 所示为六进制计数器计到 5 时的仿真图，仿真图中引脚的高低电平发生了相应的变化。

表 7.11　六进制计数器的元器件表

元器件名	元器件数值
U1	40192
U2:A U2:B	7400
U4	4511
7SEG	7SEG-COM-CAT-GRN
DCLOCK	1kHz

单击工具箱中的图表仿真按钮 进入图表模式，在对象选择器中选择数字分析图表 DIGITAL，设置完成后，可以通过数字分析图表观察 U1 和 Q_B 的波形，如图 7.43 所示。

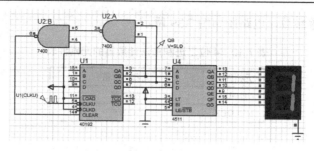

图 7.41　六进制计数器的原理图

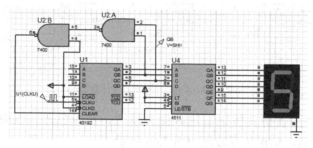

图 7.42　六进制计数器的仿真图（计数到 5）

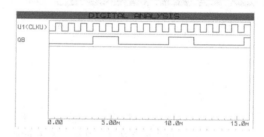

图 7.43　六进制计数器的波形图

7.5.5　流水灯电路

流水灯是在控制电路的作用下按顺序或时间来发光的，其被广泛地应用于生活中。本次实训采用数字集成器件设计 10 个轮流发光的流水灯。

1．实训任务

设计一个流水灯电路，其主要技术指标及要求如下。

（1）设计一时钟脉冲电路，频率在 15～60Hz 范围内可调。

（2）10 个发光二极管依次发光，呈现流动的状态。

（3）可调节灯光的流动速度。

2．实训要求

（1）分析设计任务，参考有关资料，制定设计方案并反复修改和对比，确定一种最佳设计方案，画出电路组成框图；

（2）设计各部分的单元电路，计算元器件参数，选定元器件的型号和数量，提供元器件清单；

（3）学习电子线路仿真软件 Proteus 的使用方法，并在规定的时间内完成电子系统电路的设计、仿真与调试。

（4）安装、调试电路，并对电路进行功能测试，分析各项性能指标，整理设计文件，写出完整的实训报告。

3．设计思路与参考方案

流水灯电路总体框图如图 7.44 所示。系统由脉冲发生器、计数器、显示电路组成，由 NE555 组成的多谐振荡器可产生输出频率可调的时钟脉冲信号，用计数器对时钟脉冲信号进行计数，由 LED 来显示输出。

图 7.44　流水灯电路总体框图

1）脉冲发生器的设计

本设计要求时钟脉冲电路的输出频率在 15～60Hz 范围内可调，电路采用 NE555 集成电路外接电阻、电容，构成多谐振荡器。

2）计数器设计

计数器选用集成电路 CD4017 设计较为简便，CD4017 是一种十进制计数器/脉冲分配器，MR 为清零端，当在 MR 端加高电平时，输出 Q_0 为高电平，其余输出端 $Q_1 \sim Q_9$ 均为低电平。当 E 为低电平时，计数器在时钟上升沿计数。当 CD4017 有连续脉冲输入时，其对应的输出端依次变为高电平状态。CD4017 逻辑功能如表 7.12 所示。

表 7.12　CD4017 逻辑功能

输　入			输　出
CLK	E	MR	$Q_0 \sim Q_9$
×	×	1	$Q_0=1$
↑	0	0	计数
1	↓	0	
×	1	0	保持原来状态，禁止计数
0	×	0	保持原来状态
↓	×	0	
×	↑	0	

4．整体仿真电路

按表 7.13 选取元器件，并设置好参数，按图 7.45 连接好电路。

电源通过电阻 R1、RV2、R2 向电容 C1 充电，当 C1 刚开始充电时，NE555 的第 2 脚处于低电平，输出端 3 脚输出高电平。当电容充电到 2/3 电源电压时，输出端 3 脚电平由高变低，NE555 内部放电管导通，电容 C1 经过 R2、RV2、NE555 的 7 脚开始放电。当 C1 两端的电压低于 1/3 电源电压时，NE555 第 3 脚的电平由低变成高，C1 再次充电，从而形成振荡，调节 RV2 可以改变多谐振荡器的输出频率。多谐振荡器的输出的虚拟示波器仿真图如图 7.46 所示，图表仿真如图 7.47 所示。

将 NE555 输出的脉冲送到 CD4017 的 CP 端，提供计数脉冲。CD4017 开始计数，在时钟脉冲的作用下，$Q_1 \sim Q_9$ 依次输出高电平，发光二极管 VD1～VD10 轮流点亮，从而实现流水灯的效果。

表 7.13　流水灯元器件表

元器件名	元器件数值	元器件名	元器件数值
U1	4017	R3～R12	180Ω
U2	NE555	D1～D10	LEG-BIGY
R1	2.2kΩ	RV2	50kΩ
R2	10kΩ		

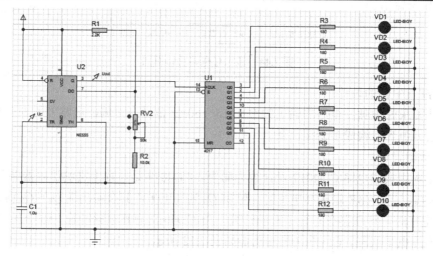

图 7.45　流水灯仿真电路图

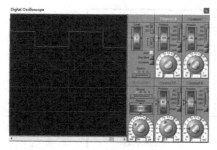

图 7.46　虚拟示波器仿真图

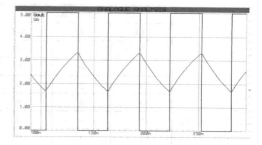

图 7.47　图表仿真

7.5.6　智力竞赛抢答器

抢答器被广泛地应用于竞赛和文体娱乐活动中，能准确、公正、直观地判断出最先获得发言权的选手。本实训的内容是设计一个 8 路智力竞赛抢答器。

1. 实训任务

（1）可供 8 名选手参加比赛的抢答器，每名选手都设置一个抢答按钮。给节目主持人设置一个控制开关，用来控制系统的清零和抢答的开始。

（2）抢答器具有数据锁存和显示功能，抢答开始后，若有选手按动抢答按钮，则编号立即被锁存，并在 LED 数码管上显示出选手的编号。此外，要封锁输入电路，禁止其他选手的抢答。优先抢答选手的编号一直保持到主持人将系统清零为止。

2．实训要求

（1）分析设计任务，参考有关资料，制定设计方案并反复修改和对比，确定一种最佳设计方案，画出电路组成框图；

（2）设计各部分的单元电路，计算元器件参数，选定元器件的型号和数量，提供元器件清单；

（3）学习电子线路仿真软件 Proteus 的使用方法，并在规定的时间内完成电子系统电路的设计、仿真与调试。

（4）安装、调试电路，并对电路进行功能测试，分析各项性能指标，整理设计文件，写出完整的实训报告。

3．设计思路与参考方案

抢答器的组成框图如图 7.48 所示。它主要由 4 部分组成，分别是控制电路、抢答电路、译码显示电路和锁存电路。主持人宣布抢答开始，选手按动抢答按钮，电路立刻分辨出抢答选手的组号并锁存，避免其他选手进行抢答。主持人控制开关主要起复位、清零的作用，在一轮抢答结束后，必须由主持人按下控制开关使电路复位，方可进行下一轮抢答。

图 7.48　抢答器的组成框图

抢答电路由 8 组按钮 $S_1 \sim S_8$、主持人控制开关 S、二极管 $VD_1 \sim VD_{12}$ 和集成电路 CD4511 组成（CD4511 逻辑功能表见第 5 章的表 5.8）。它能够分辨出选手抢答的先后顺序，并锁存相应的组号。

4．整体仿真电路

按表 7.14 选取元器件，并设置好参数，按图 7.49 连接好电路。

表 7.14　抢答器元器件表

元器件名	元器件数值	元器件名	元器件数值
S1～S8,S	BUTTON	R9～R15	200Ω
$VD_1 \sim VD_{14}$	DIODE	R7	500Ω
R1,R2,R5	5kΩ	Q1	NPN
R4,R6,R8	1kΩ	U1	4511
7SEG	7SEG-COM-CAT-GRN		

比赛开始，选手按动按钮 $S_1 \sim S_8$，主持人控制开关 S 均处于弹起状态，CD4511 的 4 个输入端 A、B、C、D 均为低电平，数码管显示 0，准备抢答。

主持人宣布抢答开始，若 5 号选手最先按下按钮，则根据二极管的单向导电性，二极管 VD_6、VD_7 同时导通，高电平送到 CD4511 的输入端 A、C，因此 CD4511 输入端 $ABCD=0101$，输出端 $Q_A Q_B Q_C Q_D Q_E Q_F Q_G=1101101$，数码管显示 5。

锁存电路的工作状态与输出信号 Q_B、Q_D、Q_G 相关。当数码管显示 5 时，CD4511 输出端

$Q_B=0$、$Q_D=1$、$Q_G=1$，则二极管 VD_{13} 截止，二极管 VD_{14} 导通。高电平输入 CD4511 的 LE 端，即 LE=1，根据 CD4511 的逻辑功能，当 LE=1 时，译码器处于锁存状态，此时，无论输入端发生何种改变，输出端都一直保持原状态，即完成锁存的功能，其他选手按动无效。

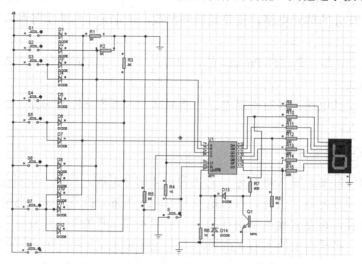

图 7.49　8 路抢答器仿真电路图（6 组抢答）

同理可知，当显示电路为 1、7 时，CD4511 输出端 $Q_B=1$、$Q_D=Q_G=0$，则二极管 VD_{13} 导通，三极管 VT_1 截止，二极管 VD_{14} 截止，LE=1，CD4511 锁存。当显示电路为 2、3、8 时，CD4511 输出端 $Q_B=Q_D=Q_G=1$，三极管 VT_1 饱和，二极管 VD_{13} 截止，二极管 VD_{14} 导通，LE=1，CD4511 锁存。其他显示情况分析同上。

主持人控制开关 S 与 CD4511 的 BI 端相连，当主持人按下控制开关时，BI=0，数码管消隐。主持人控制开关 S 复位后，BI=1，其他选手尚未进行抢答，数码管显示 0，此时 CD4511 的输出 $Q_B=Q_D=1$，$Q_G=0$，三极管 VT_1 饱和，二极管 VD_{13} 截止，二极管 VD_{14} 截止，LE=0，当有输入信号时，CD4511 起译码的作用，等待显示抢答选手组号。

7.5.7　函数发生器

函数发生器能产生多种波形，如三角波、锯齿波、方波、正弦波，可以使用分立元器件设计，也可以采用集成电路来实现。

采用分立元器件的设计思路与方案在第 6.3 节有详细的介绍，按表 7.12 来选取元器件，并设置好参数，按图 7.50 连接好电路。

表 7.15　函数发生器的元器件表

元器件名	元器件数值	元器件名	元器件数值
R1,R2,R5,R9,R10	10kΩ	C0	0.01μF
R3	20kΩ	C1,C5	10μF
R4	5.1kΩ	C2	1μF
R6,R13	6.8kΩ	C3,C4,C6	470μF
R7	100Ω	U1,U3	741
R8	8kΩ	Q2,Q3,Q4,Q5	NPN
R11,R12	2kΩ	RP1,RP3	47kΩ
RV1	100Ω	RP2	100kΩ
SW1	BOTTON		

图 7.50 所示为函数发生器的仿真电路图。图 7.51 所示为虚拟示波器显示的波形图。

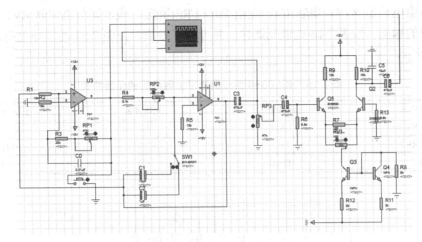

图 7.50　函数发生器的仿真电路图

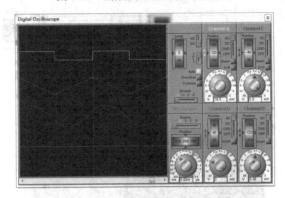

图 7.51　虚拟示波器显示的波形图

7.5.8　ICL8038 集成函数发生器

使用单片集成函数发生器 ICL8038 与外围电路相结合，可以产生高精度的正弦波、方波、三角波信号。选择不同的外围电阻和电容等元器件，可以获得频率在 0.01Hz～100kHz 范围内的可调信号，其占空比在 2%～98%范围内可调。ICL8038 引脚图如图 7.52 所示。

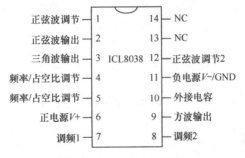

图 7.52　ICL8038 引脚图

由 ICL8038 的引脚图可知，引脚 9、3、2 分别输出方波、三角波和正弦波。该器件的方波输出端为集电极开路形式，需要在正电源和 9 脚之间外接电阻，通常选用 5～10kΩ。电路的振荡频率由电位器 RV3、电容 C2、电阻 R1 和 R2 决定。通过调节电位器 RV1、RV2 可以调节正弦波的输出。按表 7.16 选取元器件，并设置好参数，按图 7.53 连接好电路，仿真波形如图 7.54 所示。

表 7.16　ICL8038 集成函数发生器电路的元器件表

元器件名	元器件数值	元器件名	元器件数值
R1,R2	10kΩ	U1	ICL8038
RV1,RV3	1kΩ	C1	0.1μF
RV2	100kΩ	C2	4700pF

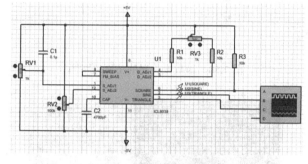

图 7.53　ICL8038 集成函数发生器仿真电路

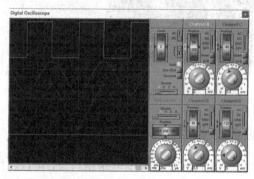

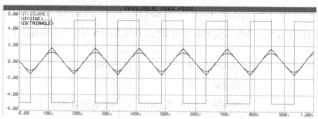

图 7.54　仿真波形

7.5.9　30s 倒计时电路

30s 倒计时电路的计时功能在生活中应用广泛，其设计思路与方案在第 6.5 节有详细的介绍，按表 7.17 选取元器件，并设置好参数，按图 7.55 连接好电路。

表 7.17　30s 倒计时电路元器件表

元器件名	元器件数值	元器件名	元器件数值
R1,R4,R5	5.1kΩ	U1,U4	4511
R2	4.7kΩ	U2	74LS90
R3,R6	1kΩ	U3,U5	74LS192
C1	10μF	U6	NE555
C2	0.1μF	U7	74LS00
SW1	BOTTON	U8	74LS04
D1	LED-BIBY		

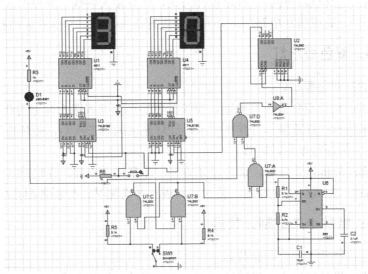

图 7.55　30s 倒计时仿真电路图

7.6　电子电路仿真实训任务

7.6.1　实训 1：单管共发射极放大器及负反馈仿真

1．实训课题：单管共发射极放大器及负反馈仿真。

2．功能要求：具有两级放大的负反馈电路。

3．主要技术指标：单级放大倍数在 50～100 之间；引入串联电压负反馈。

4．电路仿真：完成单管共发射极放大器及负反馈电路的设计及仿真电路图的绘制；在仿真电路图中接上直流电源、信号发生器和示波器，完成单管共发射极放大器的静态工作点及动态参数的调试与测量；通过示波器观察两级放大电路中负反馈带来的影响。

7.6.2　实训 2：可调直流稳压电源电路

1．实训课题：可调直流稳压电源电路。

2．功能要求：输出直流电源可调，具有过流、过压保护功能。

3．主要技术指标：输出电压调节范围 5～12V；最大输出电流 200mA；过压保护电压

250V；过流保护电流 500mA。

4．电路仿真：分析设计任务，确定设计方案，计算相关参数，并根据参数在元器件库中选择合适的元器件，完成仿真电路图，并对电路进行仿真测试，分析各项指标。

7.6.3 实训 3：OCL 音频功率放大器

1．实训课题：OCL 音频功率放大器。

2．功能要求：设计 OCL 音频功率放大器，声音大小可调。

3．主要技术指标：额定输出功率 $P_o \geqslant 10W$；负载阻抗 R_L 为 8Ω；非线性失真系数 $\leqslant 3\%$。

4．电路仿真：分析设计任务，确定设计方案，计算相关参数，并根据参数在元器件库中选择合适的元器件，完成仿真电路图，并对电路进行仿真测试，分析各项指标。

7.6.4 实训 4：双色警示灯

1．实训课题：双色警示灯。

2．功能要求：设计双色警示灯电路，模拟行驶的车辆上或路面标志的红蓝警示灯。

3．主要技术指标：红蓝警示灯并排摆放，红灯连续闪烁三次后，蓝灯连续闪烁三次，实现交替循环闪烁，闪烁速度可以调节。

4．电路仿真：分析设计任务，确定设计方案，计算相关参数，并根据参数在元器件库中选择合适的元器件，完成仿真电路图，并对电路进行仿真测试，分析各项指标。

7.6.5 实训 5：特殊十二进制计数器

1．实训课题：特殊十二进制计数器。

2．功能要求：设计特殊十二进制计数器，电路简单，性能稳定。

3．主要技术指标：准确计时，以数字的形式显示，十位的计数顺序是 $1 \sim 12$，且无 0 状态。

4．电路仿真：分析设计任务，确定设计方案，计算相关参数，并根据参数在元器件库中选择合适的元器件，完成仿真电路图，并对电路进行仿真测试，分析各项指标。

7.6.6 实训 6：七彩循环灯

1．实训课题：七彩循环灯。

2．功能要求：设计七彩循环灯，能按要求循环发出七色光。

3．主要技术指标：能根据需要调节彩灯循环的速度，能依次产生红、绿、黄、蓝、紫、青、白七种颜色。

4．电路仿真：分析设计任务，确定设计方案，计算相关参数，并根据参数在元器件库中选择合适的元器件，完成仿真电路图，并对电路进行仿真测试，分析各项指标。

参 考 文 献

[1] 罗杰，谢自美. 电子线路设计·实验·测试[M]. 5 版. 北京：电子工业出版社，2015.

[2] 王素青，鲍宁宁. 电子线路实验与课程设计[M]. 北京：清华大学出版社，2020.

[3] 徐静萍，张振华. 电工电子线路实验与设计[M]. 北京：科学出版社，2020.

[4] 刘德全. Proteus 8 电子线路设计与仿真[M]. 2 版. 北京：清华大学出版社，2017.

[5] 王博，姜义. 精通 Proteus 电路设计与仿真[M]. 北京：清华大学出版社，2017.

反侵权盗版声明

　　电子工业出版社依法对本作品享有专有出版权。任何未经权利人书面许可，复制、销售或通过信息网络传播本作品的行为；歪曲、篡改、剽窃本作品的行为，均违反《中华人民共和国著作权法》，其行为人应承担相应的民事责任和行政责任，构成犯罪的，将被依法追究刑事责任。

　　为了维护市场秩序，保护权利人的合法权益，我社将依法查处和打击侵权盗版的单位和个人。欢迎社会各界人士积极举报侵权盗版行为，本社将奖励举报有功人员，并保证举报人的信息不被泄露。

举报电话：（010）88254396；（010）88258888

传　　真：（010）88254397

E-mail：dbqq@phei.com.cn

通信地址：北京市万寿路 173 信箱
　　　　　电子工业出版社总编办公室

邮　　编：100036